U0241612

物象与心境

中国的园林

汉宝德　著

生活·讀書·新知 三联书店

图书在版编目（CIP）数据

物象与心境：中国的园林/汉宝德著．—北京：
生活·读书·新知三联书店，2014.5　（2023.10 重印）
（汉宝德作品系列）
ISBN 978-7-108-04531-7

Ⅰ.①物…　Ⅱ.①汉…　Ⅲ.①古典园林－园林艺术－
研究－中国　Ⅳ.① TU986.62

中国版本图书馆 CIP 数据核字 (2013) 第 098892 号

责任编辑　张静芳
装帧设计　蔡立国
责任印制　董　欢
出版发行　生活·讀書·新知 三联书店
　　　　　（北京市东城区美术馆东街 22 号 100010）
网　　址　www.sdxjpc.com
经　　销　新华书店
印　　刷　天津图文方嘉印刷有限公司
版　　次　2014 年 5 月北京第 1 版
　　　　　2023 年 10 月北京第 7 次印刷
开　　本　890 毫米×1230 毫米　1/32　印张 9.25
字　　数　200 千字　图 160 幅
印　　数　20,001－23,000 册
定　　价　58.00 元
（印装查询：01064002715；邮购查询：01084010542）

三联版序

很高兴北京的三联书店决定要出版我的"作品系列"。按照编辑的计划，这个系列共包括了我过去四十多年间出版的十二本书。由于大陆的读者对我没有多少认识，所以她希望我在卷首写几句话，交代一些基本的资料。

我是一个喜欢写文章的建筑专业者与建筑学教授。说明事理与传播观念是我的兴趣所在，但文章不是我的专业。在过去半个世纪间，我以各种方式发表观点，有专书，也有报章、杂志的专栏，副刊的专题；出版了不少书，可是自己也弄不清楚有多少本。在大陆出版的简体版，有些我连封面都没有看到，也没有十分介意。今天忽然有著名的出版社提出成套的出版计划，使我反省过去，未免太没有介意自己的写作了。

我虽称不上文人，却是关心社会的文化人，我的写作就是说明我对建筑及文化上的个人观点；而在这方面，我是很自豪的。因为在问题的思考上，我不会人云亦云，如果没有自己的观点，通常我不会落笔。

此次所选的十二本书，可以分为三类。前面的三本，属于学术性的著作，大抵都是读古人书得到的一些启发，再整理成篇，希望得到学术界的承认的。中间的六本属于传播性的著作，对象是关心建筑的一般知识分子与社会大众。我的写作生涯，大部分时间投入这一类著作中，在这里选出的是比较接近建筑专业的部分。最后的三本，除一本自传外，分别选了我自公职退休前后的两大兴趣所投注的文集。在退休前，我的休闲生活是古文物的品赏与收藏，退休后，则专注于国民美感素养的培育。这两类都出版了若干本专书。此处所选为其中较落实于生活的选集，有相当的代表性。不用说，这一类的读者是与建筑专业全无相关的。

这三类著作可以说明我一生努力的三个阶段。开始时是自学术的研究中掌握建筑与文化的关系；第二步是希望打破建筑专业的象牙塔，使建筑家为大众服务；第三步是希望提高一般民众的美感素养，使建筑专业者的价值观与社会大众的文化品味相契合。

感谢张静芳小姐的大力推动，解决了种种难题。希望这套书可以顺利出版，为大陆聪明的读者们所接受。

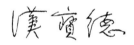

2013 年 4 月

目 录

自 序

　　对中国的园林艺术发生兴趣，开始于 60 年代于美国留学的时候。在哈佛大学佛格美术馆的东方图书室里，抄录中国建筑的资料，随手也抄录了一些园林的资料，翻拍了一些照片；我自此发现中国的园林比中国的建筑更能引人入胜，而且更能突显中国文化的特质。

　　这时候，我对中国园林的看法逐渐形成。自西方功能主义的理论着眼，我肯定了园林建筑的重要性。明末以来文震亨到计成、李渔的建筑观，使我看到中国知识分子的理性的一面；但自资料的摹绘中，我也感觉到中国园林反自然的本质。回到台湾后我写了《明清建筑二论》这本小书，其中一篇就是使用了这些资料与想法写出来的。

　　回台后，在东海大学担任建筑系主任。一方面努力推行美国式的建筑教育，一方面则念念不忘中国的建筑与园林，进行传统建筑与园林的研究。板桥林家宅园的研究报告是我写的第一篇园林的分析，这篇文章对我而言，并没有解决我对中国园林的种种疑问，反而使我感到进一步的兴趣。我不了解为什么中国文化会产生这样的庭园，以苏州园林为代表的中国园林，其真正意指是什么？

　　1974 至 1975 年间，我去美教书一年，并于返台前在欧陆旅游，深入穷乡僻壤，感触至多。1975 年秋返台，在东海大学发表了《中国人的环境观》的演讲，开始了我对中国建筑文化的探索。自此后的十年间，我一方面积极参与传统建筑的维护，一方面尽量阅读一切中国文化的书籍，包括"二十五史"在内，希望掌握中国文化的精神，自里面找出中国园林产生背景的答案；在这期间，我研究了绘画中的建筑与园林，并忽然对足以代表中国文化精神的陶瓷与器物发生浓厚兴趣。经过几年的努力，自觉对中国文化产生一种体会，开始返视建筑与园林，颇有豁然贯通之感。

很幸运，恰巧于此时，《联合报》王董事长委托我设计休闲中心，使我有机会设计了南园。在此之前，我为嘉义县政府设计了吴凤公园，但并没有完全利用中国园林的原则；南园则是一个糅合了台湾地方传统建筑与中国传统园林的作品，我使用了绘画中的观念。南园引起了民众对中国园林艺术的广泛兴趣。

在自然科学博物馆紧锣密鼓的筹建过程中，我没有停止对中国园林问题的思索，但是有系统地写一些东西却是当时幼狮公司的总经理王生年先生的鞭策而产生的。他筹划下完成的丛书"华夏之美"非常成功，希望我写一本《中国园林之美》填空。我答应他把近年思索的结果写出来，但因为公务太忙，一拖就是数年，才勉强凑齐。这时候他已经离开幼狮公司而高升了。

写成后，觉得与该丛书的内容不甚相符。清代以前的中国古代园林没有留下任何遗迹，我写的东西，是根据我对中国文化的了解，参考手边的文献所推论出来的；是一种理论，不完全是事实。幸蒙幼狮公司慨然同意，单独印成一本专书。由于大量插图的需要，又花了一年多的工夫去收集。古代园林没有实物只好用绘画去暗示，有一阵子，我几乎要写一本"绘画与园林"的书了。为了赶快结束这工作，我收起心来，把图片选好。有关近代园林的照片，我选了黄永洪、汪荷清拍摄的幻灯片，避免借用已出版的资料。故宫的图片要感谢袁旃小姐的协助。

这样一本书，既非论文，又非通俗读物，既非画册，又非专著，是对中国园林文化诠释的尝试，希望引起广大读者深度体会中国园林的兴趣；对于关心园林的学术界，则希望起抛砖引玉的作用，不要在大陆的记录性著作里打转。最后我要感谢幼狮公司的朋友们，愿意不怕麻烦，使这本书终于与读者见面。

1989 年冬

第一章

自《上林赋》看秦汉的宫苑

我国的园林艺术始于何时，今天已无可考。自经验推断，我国文明在殷商时已相当发达，历两周至战国，近一千年间，各种艺术均灿然大备，相信园林艺术必亦有相当之水准。可惜实物与文献两缺，今天已无法知其端倪。

　　传统上我国园林学家均把《诗经》中歌颂文王灵台、灵沼的话，作为我国园林艺术最早的证据，同时说明古代的园林建设是以君民同享为目标的。《诗经》上的这两首诗，原文是这样的：

> 经始灵台，经之营之。
> 庶民攻之，不日成之。
> 经始勿亟，庶民子来。
>
> 王在灵囿，麀鹿攸伏。
> 麀鹿濯濯，白鸟翯翯。
> 王在灵沼，於牣鱼跃。

前面的一首，提出"灵台"这个名词，文意为建造灵台的时候，老百姓来帮忙。第二首则提出"灵囿"、"灵沼"两个名词，描述文王在囿、沼之中，鸟兽鱼类都欢迎他的情形。这都是赞美文王如何受到人民的拥戴，甚至畜类亦为之感动。就园林建设而言，这里只提出台、囿、沼（池）等组件而已。但我们自简单的几句话中，已知宫廷的园林所具有的功能了。我们知道帝王的园林自周代已开始带有享乐的精神生活的性质，不只是原始时期的狩猎专用区了。

　　其实在周文王同时或略早，历史就记载商纣王的宫苑了，只是传统上，我们喜欢代表圣贤道统的文王来为园林拉开序幕而已。《史记·殷本纪》上说：

> 益广沙丘苑台，多取野兽蜚鸟置其中。慢于鬼神。大取乐戏于沙丘，以酒为池，悬肉为林，使男女倮相逐其间，为长夜之饮。

这段文字也没有风景的描述，但"沙丘苑台"中的一个"苑"字，中多置鸟兽，可知是取乐用的猎场。"苑台"二字相连，可知是苑中有台，"台"字实际就是官的代用词。苑、台在一起，就是官苑的意思。当时的官殿都是建在广大的台基上的。上引《史记》的同一段文字中，就描述了纣的"鹿台"。

纣是一个天才，他"资辨捷疾，闻见甚敏；材力过人，手格猛兽"，是一个文武全才。他是因目空一切、爱好淫乐而亡国的。代表他荒淫无道的记载，就是酒池肉林那几句话。但是在痛恨他的荒淫之余，应该注意此处使用了"池"与"林"两个字。我们自此可见，在纣的时代已经有池与林的观念了，也就是有具体的自然景观的观念了。纣这样有才具的人，在清醒的时候，可能要欣赏池、林之美的。为酒色所迷时，就以酒肉取代了。但这段记载，在园林的意象上，比文王的灵台、灵囿要清楚得多了。

帝王的园林一直到秦汉时的上林苑，才在后代文人的描述中，呈现了比较明确的面貌。

上林苑是秦始皇时代的建设，所占之范围极为广阔，阿房宫即是上林苑的一部分，可知其规模。汉武帝时代重修了上林苑，但汉代之上林苑是否即秦时之上林苑，是很值得考究的。一般说来，官苑是接近宫城的，汉都长安，离咸阳已相当远，再使用咸阳西郊的范围，似乎是说不过去的。我推想汉武帝只是在造园时借用了秦时的名称而已。这与"昆明湖"为汉代宫廷使用之后，后世迭有使用的情形是相近的。

《上林赋》是司马相如所写。此公为武帝时人，因文才延入宫廷，对于上林苑应当是亲眼所见的。赋这种文体是很浮泛的，重形式、尚藻饰、善夸张，对于事物之描写多做过分之词，实开中国文学浮夸风气之先河。在这种文体里寻找古代之史实，当然不甚可靠。但既无其他资料可据，该文又是当代人所写，我们只好在浮夸的文辞中寻找一些可以采信的讯息。下面就是我在《上林赋》中所见到的中国古代宫苑。

一 规模大，包含自然山水

司马相如对上林苑的规模与范围是这样描写的：

> 左苍梧，右西极，丹水更其南，紫渊径其北。终始灞浐，出入泾渭，酆镐潦潏，纡余委蛇，经营乎其内。

他所记述的东、西、南、北四极，虽有注疏家的考据，尚不易有清晰之概念，但后面所述灞、浐、泾、渭四水均在上林苑中，或穿过上林苑；酆、镐、潦、潏四水，今已易名，但均在苑中委蛇盘旋，可知苑之规模是相当庞大的。

在大自然的庞大山川原野中画出一个特别精彩的范围，作为帝王的苑囿，是当时的做法，原不足为奇。但比较明清以来皇家园林多为

· **千里江山图（局部）宋人** 宋人山水画的巨视观，视大自然为园林的精神，就是上林苑的精神，为后世园林思想的重要根源。

造景之事实，就觉这是满有兴味的了。古代的中国，当开始有经营园圃的观念的时候，是以大自然的本身为园的，然后有人为的创造。创造的部分乃是选择：选择其中最动人的范围而已。

自《上林赋》所述的内容看，当时宫廷园林的功能是唯美的，而需要包括如此大之范围，唯一的解释，乃欲网罗更多的自然景色在内。从今天的观点来说，当时的园林近似国家公园，范围必须包含一定的生态体系，因此鸟兽之类优游其间，方能呈现自然之风貌。

《上林赋》中大部分的文字正是夸张地描述其中特有的自然景色。

二 景色多，包括山水诸态

也许由于赋文必须夸大其辞，《上林赋》中对山水景物的描写，很容易使人误为对中国景物的描写，很难想象在一座苑囿中会出现那么多样的壮观景色。司马相如写此风景是以水为主的，故描写河流使用之文字较多，其内容可分为三段，第一段原文如下：

> 荡荡乎八川分流，相背而异态。东西南北，驰骛往来。出乎椒丘之阙，行乎洲淤之浦。经乎桂林之中，过乎泱漭之野。

这段文字是说，上林苑中八条河川穿流的情形。前四句是格局的气势，这八条河四面八方穿流于大地之上。后四句则表示这些河流穿过的不同景象，或为窄峡，或为洲浦，或为丛林，或为荒野。然而这只是一般的景观，动人的部分则在激流、瀑布，那是第二段文字描述的目的：

> 泪乎混流，顺阿而下。赴隘狭之口，触穹石，激堆埼。沸乎暴怒，汹涌彭湃，滭弗宓汩。逼侧泌㵗，横流逆折，转腾潎洌，滂濞沆溉。穹隆云桡，宛潬胶戾，逾波趋浥，莅莅下濑。批岩冲拥，奔扬滞沛，临坻注壑，瀺灂陨坠。沈沈隐隐，砰磅訇磕，潏潏淈淈，湁潗鼎沸。驰波跳沫，汩㶁漂疾，悠远长怀，寂漻无声，肆乎永归。

这段文字中有很多今人无法了解的形容词，自古人的注释中大体可看出，全文均为水流自上而下冲泄，在不同的境地所形成的壮丽景观。第一节实际指瀑布之景，水势激石，汹涌澎湃。然后经狭窄之石岸所逼，横流转折，形成涡旋，或遇正面之巨石，激起巨波，如云雾飞腾，惊涛拍岸，滚滚水势，冲流石滩。然后又遇深壑，直坠而下，击水潭后，发生砰然巨响。然后窜流石间，有若沸腾，波沫跳跃奔驰，终于渐趋平稳，一波千里，悠然静寂，而入于江湖。

第三段文字乃河水汇入湖泊后的情形：

> 然后灏溔潢漾，安翔徐回，翯乎滈滈，东注大湖，衍溢陂池。于是乎：蛟龙赤螭，鲛鳢渐离；鰅鰫鰬魠，禺禺魼鳎，捷鳍掉尾，振鳞奋翼，潜处乎深岩。鱼鳖欢声，万物众夥，明月珠子，的皪江靡，蜀石黄碝，水玉磊砢，磷磷烂烂，采色浩汗，丛积乎其中。鸿鹔鹄鸨，鴐鹅属玉，交精旋目，烦鹜庸渠，箴疵䴏卢，群浮乎其上。沈淫泛滥，临风潒淡，与波摇荡，奄薄水渚，唼喋菁藻，咀嚼菱藕。

这段文字同样使用了很多今天看来怪僻，在当时具有装饰的名词。我们大体可以了解，他说明在河川汇入湖水之后，浩瀚荡漾，溢乎陂池。深水中有各种各样的鱼类，生动活泼地泳游沉浮着，浅水中有千万种生物，展露各种生机，又有夜明珠，有美丽的玉石之属点缀着水岸。水面上浮游着奇异的水禽，群飞群栖。水鸟随风漂荡，不时激起水波，并啄食着绿色的藻类与菱藕之属。

这哪里是一个园子，简直是长江自发源到入海的缩影。在上林苑中，因其范围广大，也许有类似的景观，经司马相如之笔加以渲染者。值得我们注意的，是我国自古以来即有把山川之一切景观纳入园林的愿望，也就是把大自然中的诸种现象纳入有限的范围，成为后世园林观念的基础。只是宫廷园林在古代乃真山真水，与真实的自然相去不

· **江山楼阁轴（局部） 宋人** 显示中国人的自然观是驾凌自然、享受自然的。这在上林苑中已很显然地表现出来了。

远而已。司马相如把水景描述过，对于山景与陆地也有一段文字，也是囊括了大地的多种变化，其文如下：

崇山矗矗，巃嵸崔巍，深林巨木，崭岩参差。九嵕巀嶭，南山峨峨，岩陀甗锜，崔巍崛崎。振溪通谷，蹇产沟渎，谽呀豁闭，阜陵别岛。崴磈嵔廆，丘虚堀礨，掩鳞郁嵂，登降陁靡。陂池貏豸，沇溶淫鬻，散涣夷陆，亭皋千里，靡不被筑，揜以绿蕙，被以江蓠，糅以蘪芜，杂以留夷。布结缕，攒戾莎，揭车衡兰，稾本射干。茈姜蘘荷，葴橙若荪，鲜支黄砾，蒋芧青薠。布护闳泽，延曼太原，离靡广衍，应风披靡，吐芳扬烈。郁郁菲菲，众香发越，肸蠁布写，晻薆咇茀。

这一段的大意是自崇山峻岭、深林巨木开始，描写各种山势的景观。自伟大壮观的高峰，逐渐降低为奇峰交映、湖山交结的局面，而出现岭谷阻隔成的各种独特景观，虚实之间，或见原野，或现桃源。山势再次降低，山脚下之巨石错落、岭阜起伏等景观，渐导出一无垠际之平原。这时候，植物相已非深林巨木可比，而地面被以蕙兰之属的香草，各种奇花异草遍生于其间，郁香的气息随风飘荡，处处异香扑鼻，令人心醉。

《上林赋》中对山景的描写，上半段与写水景相似，似乎在写真山真岭，把昆仑以下的中国山脉景观说了一遍；但下半段说到植物时，使用的生僻字眼，据注释家的意见，都是些奇花异草。若然，就不是描述真正的自然，不期然地把我们拉回到园景之中了。那么，司马相如所写的山水到底还是人造的了？这样庞大的“视之无端，察之无涯”的规模，我们认为不可能出乎人为，他只是把苑中富于变化的山景加以想象的推演而已。然而他的描述，却对后世造园观念大有影响。

与奇花异草可以相提并论的，是宫廷园林中为一般人所乐道的奇兽珍禽。《上林赋》中亦有一段描述奇兽的，为了节省篇幅就不再引了。

三 建筑多，且有多种宫廷活动

至于上林苑中的建筑是怎样的呢？作者并没有一一陈述，但有一段文字可供参考：

> 于是乎：离宫别馆，弥山跨谷，高廊四注，重坐曲阁，华榱璧珰，辇道缅属，步檐周流，长途中宿，夷嵕筑堂，累台增成，岩突洞房。俯杳眇而无见，仰攀橑而扪天，奔星更于闺闼，宛虹拖于楯轩。青龙蚴蟉于东箱，象舆婉僤于西清。灵圄燕于闲馆，偓佺之伦，暴于南荣。醴泉涌于清室，通川过于中庭。盘石振崖，嵚岩倚倾，嵯峨嶵嵼，刻削峥嵘。玫瑰碧琳，珊瑚丛生，珉玉旁唐，玢豳文鳞。赤瑕驳荦，杂臿其间，晁采琬琰，和氏出焉。

对于建筑，文人墨客大多缺乏精致的鉴赏力，所以找不到描写的文辞。司马相如也不例外。在这段相当短的文字中，很难看出建筑的状貌，只是一种印象。

第一个印象是建筑物相当多，"离宫别馆，弥山跨谷"是唯一不必注释可以看懂的句子，点出了上林苑中，到处都是建筑物。在今天看来，于自然界"弥山跨谷"地盖房子，似乎不可能，作者是夸大其辞的。但秦始皇的阿房宫，千真万确，是"覆压三百里"的，是泾渭二川流入宫墙的。如以阿房宫来看，司马相如的印象大体不差。

宫、馆之外，有高廊、曲阁，有廊子连通各处，中间设有可停息的地方，在山坡上是切土筑堂、垒高台，台下是"洞房"，而台上的建筑高大，仰视之，檐枵与天相接。在室内可坐观群星流转，见曲虹去来。由于作者对建筑并没有深刻的观察，所以文字之表达特别晦涩，真伪莫辨。他把仙人与建筑连在一起，是建筑上的装饰，还是当时流行的一种想象，不易下论断。但是以今天所见的考古发掘资料来看，作为一种纯粹的想象比较近乎情理，司马相如只是用仙人、青龙等来夸耀建筑之美而已。

至于建筑所围成之庭，就有较富于文藻的描写。有些建筑是建造在水泉之上的，水自室内涌出，流经中庭，确实是后人所未使用的设计构想，庭中之石亦极尽变化之美，奇形怪状，颇开后世石景之先河。石美近玉，富于文采，丰于色泽。

院落之间的各种花木与果树，争奇斗艳，无不齐备。各种大型树木，枝干交错，垂条落英，一幅动人的景象，风来甚至有发乐声者。又有葛藤之属，沿壁而下，绿意满眼，与远处山林连为一片。而树木有猿猴之类的动物攀援鸣啸于其间，蝴蝶飞舞、蝉蜩鸣叫，一片热闹景象。这些因篇幅所限，不再引出原文。司马相如说，像这样的宫院，散布各处，有数百千处之多。每到一处均设有厨房，有后宫寝室，妃子仆妾俱全，百官备具。此语虽可能有所夸张，然离宫别馆，有各自独立之设备，可供在苑中活动的帝王随处歇脚，而不虞生活及仪典上的短缺。

最重要的活动仍然是天子狩猎。原文甚长，此处不再引用，无非是扈从横行，车骑动天，搏狼伏虎，椎兽射豕，踏鹤捕鸷等等，顺便也看看官员的能力。

其次是游戏作乐，其规模亦甚可观。天子登上高台饮酒，乐器声必须宏亮，所以有"千石之钟，万石之虡"。所以"千人唱，万人和，山陵为之震动，川谷为之荡波"。所以钟鼓之声，"洞心骇耳"，这是正式的、仪典性的活动。当然也免不了"娱耳目，乐心意"的活动，那就需要一些郑卫之声，俳优、侏儒，做些靡靡之音。不用说，女孩子成群结队，都是"绝殊离俗"的美色，也不少妖冶之辈，明眸皓齿，巧笑盼兮，天子免不了感到"色授魂与，心愉于侧"。自司马相如的描写中，汉宫里是充满了壮丽又颓废的生活的。

司马相如并不赞成这样的宫廷生活。所以他描写这上林苑是借一位"亡是公"的口吻，以说故事的方式表达出来的。他认为齐与楚之所以亡国，就是因为"务在独乐，不顾众庶"所造成的结果。那些国家，"地方不过千里，囿居九百，是草木不得垦辟，而人无所食也"。用这样的故事来讽天子，是传统中国知识分子的做法，其用心良苦，可以体会得到。所以在文章的最后一段，说天子在游乐之余，憬然而悟，对"创业垂统"大有不宜。因此痛改前非，把苑地改为农田，开放山泽准民间渔猎，宫馆弃而不用，发仓廪以济贫；勤政爱民，修仁义，礼贤士，从此就"德隆于三王，功羡于五帝"，成为有道之君了。

《上林赋》的作者是武帝时人，写了这篇文章，武帝是不会很喜欢他的。到了成帝的时候，另一位赋家扬雄，在其《羽猎赋·序》中，仍然记述了武帝上林苑的不当。其部分文字对上面的讨论有些帮助，兹引之于下：

武帝广开上林，东南至宜春、鼎湖、御宿、昆吾，旁南山，

· **汉宫图** 宋 赵伯驹 此为一著名扇面，山石与楼阁之关系气势甚大，为清宫廷园林所模仿。

西至长杨、五柞，北绕黄山，滨渭而东，周袤数百里。穿昆明池，象滇河。营建章、凤阙、神明、驳娑、渐台、泰液，象海水周流方丈、瀛洲、蓬莱。游观侈靡，穷妙极丽。虽颇割其三垂，以赡齐民，然至羽猎，甲车戎马，器械储偫，禁御所营，尚泰奢、丽诗诩，非尧、舜、成汤、文王三驱之意也。

《三辅黄图》一书描写汉长安京畿一带的宫室、囿苑、城市，其中对上林苑的说明亦引在下面，以补上文之不足：

> 汉上林苑即秦之旧苑也。《汉书》云，武帝建元三年开上林苑，东南至蓝田、宜春、鼎湖、御宿、昆吾，傍南山，而西至长杨、五柞，北绕黄山，历渭水而东。周袤三百里，离宫七十所，皆千乘万骑……苑中养百兽，天子秋冬射猎取之。帝为修上林苑，群臣远方各献名果异卉三千余种植其中，亦有制为美名以标奇异。……

就以上两段引文看来，《上林赋》中的描写虽为夸张之辞，但大体上说，所描写的都有根据。上林苑虽为秦始皇所辟，但当时的首都咸阳在渭水之北，而苑在渭南，所以始皇建阿房宫有连系京城与上林苑之意。到汉武帝时，京师长安在渭水之南，所以上林苑几乎囊括京畿近郊之地。《汉书·东方朔传》提到武帝建元三年上林苑辟建的情形，是为了皇帝游猎之便，把近畿民田收购而扩建成的。东方朔还为此上了一个疏，希望武帝体恤民情，勿把这些膏腴之地变成虎狼之墟，武帝没有罚他，却让他升官发财，至于他的意见，则束之高阁，忙着去建设上林苑了。

以《上林赋》及有关文献中所见之上林苑，可以为秦汉的宫廷园林状况勾画出一个轮廓。说起来，这是我国远古园林的一个高潮。不但是各代苑囿建设之所本，更为后世民间园林设计观念之基础。"汉宫"且成为诗人墨客及画家们想象力的泉源。其影响之大是可想而知的。具体地说来，中国园林思想反映在上林苑的有以下几点：

一　园林就是宇宙的观念

国人自古以来就富于人本主义的思想，对于人所生存的环境，都有以人为中心的、哲学性的思考。具体地表现出来，即将居住环境象征化，影射为一个小的宇宙。这种观念也表现在建筑上。秦汉的纪念建筑如明堂、辟雍，在坐落的方向上，在建筑的格局上，不但象征了宇宙，而且反映了时、空的秩序，是西方文明中所没有的。

在园林中，由于有山有水，比起建筑物之纯粹抽象的象征外，有比较更具象的比类。因此司马相如在赋中的描写，如不了解前后文的关系，很容易误为描写长江、黄河所流过的全中国。这一传统一直持续着。在十八个世纪以后的清代，乾隆帝建造圆明园，这仍然是计划中的主导观念。所不同的，乃清代帝王融合了儒家"天下"的精神，与道家"清修"的观念，其表达的重点有异于秦汉而已。这一点将在后文中申述。

二　奇景、异物为主的观念

在上文中，我们看到司马相如所描写的大自然的景物是奇谲多变的，其中放养的是珍奇的异兽异禽，其中种植的是少见的奇花异草。帝王的园囿中似乎不需要平凡的东西。这是中国文化中专制帝王无尽的欲求下非常不足取的一部分。不用说，如云的美女也多貌如仙子，非人间所有。帝王在掌握了无尽的权力与无限的财富之后，他们所能享受的必须超乎常人。在无涯的贪欲中，园林中的一切不过使他满足极端的心灵空虚而已。这一切，当生命的尽头来临时，也不过是粪土而已。秦皇、汉武在这方面逞暴君之威，为中国人带来灾难。而汉朝的国运之所以尚能勉强持续，乃一群儒士的道德力略有束缚之功的缘故吧。司马相如无疑也是其中之一。

很不幸的，所谓"上行下效"，帝王爱好奇异事物的作风，透过一群奉迎希旨的官僚，形成普及全国的恶劣风气。他们有足够的财力时，就会仿效帝王，尽量兴建同样的园林以自娱，以夸耀于同僚之间。不用说，他们都是极尽奇巧之能事的。这种追求奇巧的特色，就构成中国传统园林不可分割的一部分。

事实上这种上行下效的情形，在当时已经很普遍了。梁孝王为文帝子，曾建兔园，规模甚大，方三百里，几乎可与上林苑相比。《西京杂记》中说：

> 梁孝王为宫室苑囿之乐，作曜华之宫，筑兔园。园中有百灵山，山有肤寸石，落猿岩，栖龙岫，又有雁池，池间有鹤洲、凫渚。其诸宫观相连，延亘数十里。奇果异树，瑰禽怪兽毕备。王日与宫人、宾客弋钓其中。

虽然没有多少文字，却也可以看到其格局大体是仿照宫苑的，其趣味

· **汉苑图 元 李容瑾** 汉宫成为宋代以来画家想象力发挥的主题，此一名作对汉宫与自然的关系及其状貌有甚佳的诠释。

亦大同小异。民间的富商亦仿效之。《三辅黄图》中描写上述诸苑，其中有一段文字如下：

> 茂陵富民袁广汉，藏镪巨万，家童八九百人，于此山下筑园。东西四里，南北五里。激流水注其中，构石为山，高十数丈，连延数里。养白鹦鹉、紫鸳鸯、犁牛、青兕，奇兽珍禽，委积其间。积沙为洲屿，激水为波涛，致江鸥、海鹤、孕雏、产毂，延漫林池。奇树异草，靡不培植。室皆徘徊连属，重阁修廊，行之移晷不能遍也。茂陵后有罪，诛，没入为官园。鸟兽草木皆移入上林苑中。

这里可以看出当时商民致富几可敌国的情形。这位袁广汉所筑的园规模要小很多，但其内容之丰富，以奇珍取胜，并不下于宫廷苑林。文中提到几点，值得我们注意：一是"激流水注其中"，表示水是自外引入的；一是"构石为山"，表示山乃以石构成的；一是"积沙为洲屿"，表示水中的特殊景观也是人造的；最后是"激水为波涛"，似乎说明水之动态乃以人力造成。尤其是前二项，几乎开我国后期园林的先河。盖因民间园林无法涵盖真山真水，只有因其规模以人工为之，希望能"巧夺天工"。至于"人造波涛"之类，后世少有，倒是秦汉时代所特有的。

《汉官典职》中记述宫苑，也说明了在宫内之苑因规模较小，有大量人工造景的情形：

> 宫内苑聚土为山，十里九坂，种奇树，畜麋鹿麇麈鸟兽百种，激上河水，铜龙吐水，铜仙人衔杯，受水下注。天子乘辇游猎苑中。

这里所说的"宫内苑"乃指包括在宫殿范围内的园林，与大规模的上林苑是不相同的，因此要聚土为山，多为坂筑而成。在人工水景上下功夫，乃有铜龙吐水、仙人衔杯的制作。比较起来，宫内苑还不及茂陵园来得热闹。

也许正因为如此，袁广汉后来犯罪被诛了。他犯的罪，可能就是造了一座太奇巧的园子。法国路易十四时代，财相富贵德（Fouguet）造了一座美术史上有名的花园。后法王借故捕之下狱，第一件事就是没收该园。这类事情，中外、古今是一样的，亦颇令人感叹！不用说，中国自古以来就喜爱的奇花异草、珍禽怪兽也被没入上林苑了。

三 宫观台阁连通的观念

《上林赋》中有关"离宫别馆，弥山跨谷"的描写，在汉晋赋上，是常见的说法。我国的统治阶级自古就喜欢建筑，并非只有阿房宫才是如此的，只是阿房宫之规模，亘古无二而已。《三辅黄图》中描写阿房宫之规模是这样的：

> 阿房宫亦曰阿城，惠文王造，宫未成而亡，始皇广其宫，三百余里，离宫别馆，弥山跨谷，辇道相属，阁道通骊山八百余里，表南山之颠以为阙，终樊川以为池。

在这里特别要指出的是"辇道相属"一句（在《上林赋》中为"辇道缅属"）。"辇道"是皇帝出游时坐辇所行之道。在广大的地面上，有很多离宫别馆，已经很令人惊讶了，而尤其令人咋舌的是，这些弥

· **江山秋色卷**（局部） 宋人 巨视的自然观与帝王气势的"弥山跨谷"
逐渐演变为后世以巨石与建筑为主的园林观念。

· **建章宫图**（局部） 元人 元代以后对汉宫之诠释，出现以拥挤的建筑
群为主的观念。然亦可说明中国园林中之活动乃以室内为主。

山跨谷的建筑之间都有辇道相通。这表示皇帝及其嫔妃们出游需要一种平稳的道路，在山势起伏的自然界，为达到此目的，需要建造很长的阁道。阁道实即比较考究的栈道，自地面撑起，可能是有顶的，以蔽日光、风雨，与复道的意思应该是相同的。阿房宫中的高架廊道，可把秦始皇自咸阳送到八百里外的骊山，实在壮观，也可说人类暴君史上少见的建筑物，只有罗马帝国时代跨谷越岭的水道差堪相比。

这一个观念，即表示中国古代帝王的园林中，凡有出游之景色者，均设有辇道，凡有停息休闲必要之地，均设有离宫别馆。梁孝王的东苑，"大治宫室，为复道自宫相属于平台二十余里"，及茂陵园中，"屋皆徘徊连属，重阁、修廊，行之移晷不能遍也"，都说明一件事，即园林中的建筑占有相当大的面积，而且阁廊相连，游人一两个时辰都走不完。在中国园林中，亭、台、楼、阁、回廊，以供游人观赏园景的观念，乃形成于秦汉宫廷园林之中，是无可置疑的。所不同的，帝王们是乘辇出游，前呼后拥的，后世的园林则只以徒步为标准而已。

在汉代文献上出现的园林建筑的字汇，与后世亦略有不同。那时代尚没有出现"亭"字，但"观"却不少。据《三辅黄图》中记载，上林苑中的观，经我计算有二十一所，想来当时不止此数。从这些观的名称，可以看出其大多是观看风景用的。因此为眺望用的，有"远望观"、"燕升观"；为观看动物用的，有"观象观"、"白鹿观"，还有"观鱼观"；又有以植物命名的"观"多所。

"观"字究竟作何解释呢？《辞源》上有两条，一条指观即阙上之楼观，另一条乃引自《关尹传》，说"尹台结草为楼，精思至远，后人以至可观望，故曰观"。这两条均说明了"观即观也"的事实。似乎早期的用法，"观"乃指遥望，所以可供遥望的建筑称为观。因此"观"这种建筑大多建造在高处，或高台上。由于要高，故有近天的感觉，在当时可能是主体建筑，或至少是与后世之塔同样，虽面积不大，却有视觉上的吸引力。

《三辅黄图》中提到甘泉苑时说：

> 凡周围五百四十里，苑中起宫殿台阁百余所，有仙人观、石阙观、封峦观、鹊观。

在百余所宫殿台阁中，只举出四座观的名称，足证观是特别重要的，或特别醒目，为时人所注意的。

"亭"字出现在六朝，可能是缩小了的楼观，后来竟居于园林建筑之首，是很值得品味的一种演变。

讨论至此，可以看出秦汉大规模的皇家园林，与今日园林的景象虽然大异其趣，却在园林的基本观念上，为后世建立了基础。中国园林之异于世界各国者，正是上林苑中所追求的一些价值，影响于后世的缘故。因此秦汉的宫廷园林史就是我国园林的第一章。

第二章

神仙与中国园林

中国园林与神仙之说有关系吗？似乎是不可思议的，然而这是千真万确的事。我国古人造园，并不是只造一个景致，却表现了很多象征的意义，神仙之说只是其中的一部分。就我国明清的园林来看，神仙的观念好像并不存在，但是自高古到宋元，园林与神仙的想象有密不可分的关系，本章将简单地分析神仙说与中国园林间这种关系存在的原因，及其发展的阶段。由于古代园林已无所存，故本章仍然是一种文献性的探讨。

我国的园林艺术之不能脱离神仙之说，若就文化的整体去观察，就觉得很自然了。我国秦汉之前的远古文明，基本上是一个神话的文明。这一点，与古代希腊是没有分别的。试想古希腊留传到今天的文明遗迹，不论是小型的文物，或建筑与都市，哪一样不与神话有密切的关系？东西两大文明之间的不同，乃在于古希腊的神话被发展为宗教，到了公元前 5 世纪的黄金时代，又与美术结合在一起。而在东方的中国，神话受到强力的人文思想的压制，一直潜存在文明的下层，成为中国文化中潜藏的力量。中国的人文思想就是周朝开始制订的礼制，到孔子发展成熟的儒家思想。这种思想注重意识层面的理性，不讨论"怪力乱神"，一旦为统治阶层所采用，原始时代的神话就受到压制了。然而神话是远古时代人民生活的一部分，仅凭在形式上的压制是不能完全清除的，所以在没有另一种信仰的力量出来取代它之前，它的影响力还是很大的。园林是我国古代发展得很早的一种贵族的艺术，它完全不受神话的影响是不能想象的。

当然，由于两种文明发展方向上的歧异，文化的产物受到神话的影响也大不相同。在古希腊，由于神话已经宗教化，故乃通过一种全民的信仰，普遍地流传，在正面上，积极地表达出来的。因此神话是古希腊文明的重心，是一切文学艺术的骨干。而在我国，由于人文思想的压制，它必须蜕化为"仙话"，成为文明的梦呓，以反派的、叛逆的角色，偶然地突现出来。

神话与仙话的分别是什么呢？

神话在今天看来，全是些无法解释、没法采信的怪异故事，与梦无异。但是对古代人来说，那都是很实在的，它是人类想象力所创造出来的，以解释当时的社会制度与传统的仪典与习俗，反映了人类潜在的恐惧、希望、欲念与情绪。它是一种超自然的真实。

据专家的研究，"仙话"是神话的一种，自人类的理性去衡量，仍然是些无法解释的怪异故事。然而它却失掉了原始时代的神秘与恐怖，成为文明人可以"了解"的传说。因此，仙话是人性化了的神话，它就更直接地表现了人类的愿望与梦想了。自今天的心理学家看来，神话是有心理学的深度的，有助于了解原始时代的人类心灵如何在特定的时空中求调适；而仙话是很肤浅的，它所反映的内涵，只可以自表面上了解。这样去看两者的分别，神话常常是带有悲剧性的，最终表现出人类可悲的命运；仙话则常是喜剧性的，表达了人类为自己的满足而塑造的故事。所以有人说，仙话的特色就是个人享受的、利己主义的。

试引一有名的例子来说明神话演变为仙话的过程：

"西王母"在《山海经》中，本是一个很可怕的怪神，专掌瘟疫与刑罚，"豹尾虎齿"，是半人半兽的。也许由于"王"字这名称的暗示，到较后期的《穆天子传》中，叙述周穆王到弇山去看他，乘坐的车子由八匹骏马拉着，还与西王母以诗歌酬答。这时候的西王母是帝王之流的人物，与人间的天子相提并论了。到了《淮南子》里，西王母就有了"母"性，原来是凶神，改为了可以赐"不死之药"的吉神。到了东汉，"西王母"正式被解释为住在西天的王母，不但个性慈祥，而且年轻漂亮，已经是今天流行于民间的"王母娘娘"了。为了使这位可爱的王母娘娘不至于缺少配偶，汉人发明了"东王公"，以相匹配。《中国古代神话》的作者袁珂先生，自近代民间传说的整理中，发现西王母与东王公匹配之事，感到大吃一惊。其实近年来发现的汉代画像镜上，已有东王公与西王母配对的实证，是不必大惊小怪的。

在这个西王母演变的过程中，早期可怕的形象是神话，后来逐渐人间化，演变为穆天子之传说，又经过文人的粉饰，方士的附会，才变成美丽的神仙故事。儒家思想对这些一律指为"怪力乱神"，但是美丽的神仙故事，既然是大家共同的梦想，在没有宗教的社会里，可以弥补心灵的空虚。神仙的思想对中国艺术的发展乃在这种情势下发生它的影响力。

中国的神话与仙话是以反派的角色出现，在思想界，与儒家相对立，古老神话的保存与仙话的产生乃道家的贡献，是可以想象得到的。在春秋、战国时代，神话就通过多种艺术留传下来。除了儒家之外，各家的著述中都少不了，可见周代以前，中国人是生存在神话之中的。

周朝末年，民智发达，神话开始变质，或受到文学家的润饰，如屈原的《九歌》《天问》，就是把神话与传说写成悲歌一样的文学，以表达自己的情感。而哲学家们为了解释自己的思想，则利用之以为事例与寓言。据说《庄子》一书在古代是充满了神话的，后来被道学先生们逐渐净化了。这种说法是否正确不必计较，但道家自周末到汉代，持续地发展，后期的著作《淮南子》与《列子》中充满了神话是无疑义的。道家在传诵神话时，不但在介绍古老神秘的传说，而且掌握了神话中的超凡、脱俗的精神，与解脱现世束缚的自由的想象。

这一点，《庄子》对后世的影响是无法量度的。其内篇第一篇《逍遥游》，开始就是大鲲与大鹏的故事。通篇看来，大鲲与大鹏的神话不过是与小虫作对比，说明物各有性，其实小鸟亦不见得不如大鹏。但是他对大鹏的描写，却把神话中的气势贯注到中国文学、艺术的传统中了：

> 鹏之背，不知其几千里也；怒而飞，其翼若垂天之云。……
> 鹏之徙于南冥也，水击三千里，抟扶摇而上者九万里。

庄子虽然希望读者接受大鹏也没有什么了不起的看法，但其描述文字的气势，使人心胸畅朗，油然而生美感。这是多壮大的想象力！多令人向往的景象！绝云气，负青天，看天之苍苍，其远无极，振翼九万里，是什么气魄！中国后世的文学与艺术重在气势，用语夸张，无不是庄子的影响。

庄子又借接舆之口说了一个无稽的神话：

> 藐姑射之山，有神人居焉。肌肤若冰雪，绰约若处子。不食五谷，吸风饮露。乘云气，御飞龙，而游乎四海之外。其神凝，使物不疵疠，而年谷熟。

对于崇尚理性的庄子而言，这只是一个顺手拈来的比喻，说明人之不能相信的事情，很多是因为知识不及。然而他这个比喻，加上他所下的无法判断其真伪的结论，后世的道家之流就不客气地完全相信，

· **沂南汉墓石柱拓片**　汉代是神话与仙话支配的时代。此二石柱拓片恰可说
明神话、仙话转变时代的信仰。两柱之上半为太古神话，左图是人面兽身的
伏羲与女娲各执直规与剪刀，右图之羽兽人物故事不详。两柱之下半则各为
东王公与西王母，及捣药童子的造型。

形成中国通俗宗教的一部分。"乘云气，御飞龙"，又可以"吸风饮露"，能长生不死，又无俗世求生之累的神仙，就成为无宗教信仰的中国人所希冀为真实的事情了。庄子实在是把神话转变为仙话的始作俑者。

由于《庄子》中有一句"列子御风而行"的话，后世之人，就写了一本《列子》，伪托为古书，扩展了庄子在神仙之说方面的领域。在其卷二"黄帝"中，顺着庄子所说的仙人故事，编造了黄帝梦游"华胥国"的仙话。这个神仙之国的国民完全无忧无虑，无嗜欲、爱憎，过着自然的生活。最使后人羡慕的，是他们能"入水不溺，入火不热。斫挞无伤痛，指擿无痟痒。乘空如履实，寝虚若处床"。他们生活中没有畏惧，个个都是神仙。《列子》的作者认为统治者用王道治国，是可以达到这样的境界的。这就是把老庄的无为而治的人间观念，发展为逍遥自在的人间天堂观念了。在同一章中，《列子》又把庄子的神人故事再说一遍，并强调了不事劳动也可生存的观念。神仙之国，"阴阳常调，日月常明，四时常春，风雨常均"。真是贫穷的农业社会梦寐以求的理想世界。

在《列子》之"汤问"篇中，借着创造天地的神话，提到大海之中有五座神山，一曰岱舆，二曰员峤，三曰方壶，四曰瀛洲，五曰蓬莱。这些神山是怎样的呢？——

> 其山高下周旋三万里，其顶平处九千里。山之中间相去七万里，以为邻居焉。其上台观皆金玉，其上禽兽皆纯缟，珠玕之树皆丛生，华实皆有滋味，食之皆不老不死。所居之人，皆仙圣之种，一日一夕飞相往来者，不可数焉。……

这就是中国自古以来的"蓬莱仙岛"的想象。道家的想象力创造了仙人，

· 四川汉画像砖　其下部似为自流井之描述，上部则群山层叠，人、兽、树木穿插其间，反映对自然之美的向往。美丽的山林与神仙世界的联想因而产生。

又创造了海外的仙岛，让劳苦求生存的中国人半信半疑地祈求了几千年。

然而这种不老不死的仙人之说，已经离开老庄思想甚远了。一种倡导清心寡欲、过自然无为的生活的思想，居然发展为不食人间烟火，高来高去的仙人思想，真是老、庄所始料不及的了。使我们特别注意的，是仙人的生活环境是奢华富丽的，是超乎帝王的。一种为个人与统治者修养人格的学说，竟发展为想入非非的穷奢极欲的白日梦，对中国历史来说，实在是非常不幸的。《列子》在卷三"穆天子"章的开端，就说了周穆王招待"化人"的故事。这位"化人"之能耐甚大，可以"入水火，贯金石，反山川，移城邑"，可以"乘虚不坠，触实不硋，千变万化，不可穷极"。周穆王招待他，"敬之若神，事之若君"，把自己生活中最好的东西都奉献出来。这位"化人"完全不满意，不但觉得宫殿太卑陋，御厨的食物太腥臭，对天子的小老婆们也认为"膻恶不可亲"。所以——

> 穆王乃为之改筑。土木之功、赭垩之色，无遗巧焉。五府为虚，而台始成。其高千仞，临终南之上，号曰中天之台。简郑、卫之处子，蛾媌靡曼者，施芳泽，正蛾眉，设笄珥，衣阿锡，曳齐纨。粉白黛黑，珮玉环，杂芷若以满之。奏《承云》、《六莹》、《九韶》、《晨露》以乐之。月月献玉衣，旦旦荐玉食。化人犹不舍然。……

像这样的招待，这位"化人"居然仍不满意，实在是很离谱的。这表示"化人"自己的故乡，其生活之奢华是人间所不能想象的了。果然，"化人"勉强住了一阵，就带周穆王到天上去他家里看看：

> 化人之宫，构以金银，络以珠玉。出云雨之上，而不知其下之据，望之若屯云焉。耳目所观听，鼻口所纳尝，皆非人间之有。王实以为清都、紫微，钧天、广乐，帝之所居。

周穆王在天上向下俯视，看到自己的宫榭，相形之下，不过是一堆乱柴而已。

这类故事对后世的影响是不能想象的，对于一般穷苦的平民，很容易形成一种迷信的力量。到汉末，通俗的道教就产生了。这是世界

· **汉灰陶熏炉（左）汉鎏金铜炉（右）** 香炉为汉代最常见之物，其下部为龙形怪兽支撑，似为汉人设想之宇宙。其上为山形，有人物、动物活跃其间。如燃香，则云气缭绕，有如仙境，又似一小型园林。

上文明国家中，最倾向于物质主义的、白日梦式的宗教，也是与原始迷信不分的宗教。

汉末神话流行之广可自遗留的文物中清楚地看出来。汉人的铜镜，近来出土甚多，汉末至六朝期间，镜上的花纹大多为仙人御风而行的故事。东汉末期的绿釉陶器，用为冥器者亦出土甚多。其中最有趣味者，为俗称"博山炉"之器，器型似半高脚杯，上有盖，为当时金属器之仿品。有趣之处在于盖为山形，象仙山，上有云气、禽兽、仙人，有孔，焚香时，香烟自孔中上升，造成烟云在山间缭绕的景象。这是最有想象力的一种设计，表达了神仙说的广为民间所信仰。另有一种"奁"者，亦为后世误为香炉。为直桶型器，三短足，上有盖，盖呈山形，亦有

· 汉云气纹漆奁　墓中发掘的器物，时为云气纹环绕，足证云气为升天的象征。

云气、仙人之形飘忽其间，疑为陪葬物之贮器。近日出土器物如瓿罐等，其上有仙山盖者甚夥，可知仙山是当时人生活中的一部分。

　　神仙故事对知识分子造成的影响，乃是自身心的修养，发展到"抱朴子"所代表的求仙、成仙的传统。吐纳之术，金丹之法，遂为若干知识分子所喜爱或终生奉行的。这一传统发展出中国的原始化学。同时，在动乱的汉末六朝时期鼓励了不少隐逸分子脱离朝廷，到山林中栖居，以进行求仙的生活。其中有名的例子是魏之嵇康。史载他隐居的时候，有人来访，他都不愿停止他的修道活动。

　　至于"抱朴子"所积极倡导，至一再辩解的神仙存在论，影响于帝王生活者实在无可量计。它的为帝王所接纳，绝不自"抱朴子"开始，应该上溯到秦始皇之前。至少我们知道，秦始皇的求仙活动是史籍所载的。自此而后，不但汉武帝这位雄才大略的帝王舍不得早日死去，而设法求长生不死之术，自秦至明，代代都有死于长生金丹的帝王，其中最有名的是唐太宗。神仙之术对帝王的影响更直接表现在园林上。

神仙与"台"有不可分割的关系。

台是古代园囿中不可缺少的要素。在秦汉之前的上古时代，台就是园林中的唯一的建筑，甚至可以说，台就是园林的全部。这在前文介绍周文王"灵台"与纣王"沙丘苑台"中已提到了。因为在上古，尚没有人造园林出现的时候，帝王为自娱，以登高观览山川之美是很自然的。所以台是一座高的平台，代替高山的作用。《春秋公羊传》对庄公三十一年筑台于郊的评述中说：

> 礼，天子有灵台以候天地，诸侯有时台以候四时。登高望远，人情所乐，动而无益于民者，虽乐不为也。

道学家对于建台的统治者要以礼来约束。"候天地"与"候四时"是宗教仪典活动，故可以容忍。但他也只好承认统治者免不了因"乐"而建台的。登高望远的功能，在这里说明得非常清楚了。

但是台，并不只是《尔雅》中说的"四方而高"的平台。帝王在登高望远之时，也需要其他物质上的享受，所以台也包括了上面所建造的一些宫室。台由于高，可以近天，可以上接云气，在"灵台"、"时台"的宗教功能上，已有超自然的意味，加上登高望远，俯视山川的气势，

· **南朝墓画像砖** 吹笙鸣凤 此砖画经研究者推断为王子乔与浮丘公的故事。王子乔为秦时人，因修道而肉身升天。图中一凤应笙声舞蹈。

如果又有了物质上的供应，与仙人的想象连在一起是顺理成章的。

台与仙人发生关系最早的，是上引《列子》中穆天子与"化人"的传说。周穆王为了伺候这位仙人，是筑台以居之的。"台高千仞，临终南之上"，是山上筑台，高上加高，高耸入云，所以称为"中天之台"。这段传说也许是汉代创造的，但无疑的说明了上古流传的台与仙人不可分的观念。

另一段后代的传说，是《拾遗记》中所说的周灵王遇仙人的故事：

> 周灵王二十三年，起昆昭之台，一名宣昭之台，聚天下异木神工，得崿谷阴生之树，其树千寻，文理盘错，以此一树而台用足焉。大干为桁栋，小枝为栭楶，其木有龙蛇百兽之形。又筛水精为泥，台高百丈，升之以望云色。时有苌弘，能招致神异。王乃登台望云气蓊郁，忽见二人乘云而至，须发皆黄，非世俗之类也。乘游

龙飞凤之辇，驾以青螭，其衣皆缝缉毛羽也。……

这些仙人不但能致云雨，而且有各种仙术，与周穆王的故事类似，深植于汉代人的心中。

汉代人写了一篇《章华台赋》，是描述楚灵王建台的故事的。这里的台没有直接提到神仙，却有神仙架势。倒是可以上溯到桀、纣的故事。《史记·夏本纪》说，"帝桀之时，百姓弗堪，乃召汤而囚之夏台"。《殷本纪》又说，"纣厚赋税以实鹿台之钱，而盈巨桥之粟。益收狗马奇物，充仞宫室，益广沙丘苑台"。这里的"夏台"、"鹿台"，不但是高台，而且有房舍、宫室，有点近似西人的城堡。

《新序》对桀与纣的台各有描写：

> 桀作瑶台，罢民力，殚民财，为酒池糟隄，纵靡靡之乐，一鼓而牛饮者三千人。

> 纣为鹿台，七年而成，其大三里，高千尺，临望云雨。

这些描述虽未必为史实，然在汉代以前的人看来，"台"就是宫殿与园林的总称。在近代的考古发掘中，安阳殷墟的宫室都集中在一座大台上，可以说明古人的记载，未为全妄。

台不但面积广大，上多宫室，也有多重者。试想建造"高千尺"之台，犹如西亚古代的观星台，当然非多重不可。《韩诗外传》记载，"齐景公使人于楚，楚王与之上九重之台"以炫耀之。楚国的君主特别喜欢筑高台，大约与其国力强盛有关。《说苑》上说，"楚庄王筑层台，延石千里，延壤百里，士有反三月之粮者"。层台的工程十分浩大，于此可知。陆云《新语》中说，"楚灵王作乾豀之台，五百仞之高，欲登浮云，窥天文"。这些文字说明了秦汉之前的台是既大、且高，而具有多种功能的。古代记述的文字，大多夸大其辞，但在解说台之意义方面，却是相当充分的。我国古代"台"的用法与西亚相近。楚灵王与周穆王一样，是一位有仙缘的统治者。他所建之台虽无仙人来居，却是极尽奢华之能事。文曰：

> 楚灵王既游云梦之泽，息于荆台之上，前方淮之水，左洞庭之波，右顾彭蠡之陂，南眺巫山之阿。延目广望，聘观终日。顾谓左史倚相曰：盛哉斯乐！可以遗老而忘死也。于是遂作章华之台，筑乾豀之室，穷木土之技，殚珍宝之实，举国营之，数年乃成。设长夜之淫宴，作北里之新声……

这段文字说明了当时台上远眺为后世园林之功能，亦说明了台上是华丽的宫室，并实以珍宝、美女。可说是继承了纣的传统。

历史上真正迷信神仙，为中国的神仙之说打下基础的是秦始皇。他在权力极盛的时候，就惧怕死亡，希望能得不死之药，想了各种方法，都没有成功。寻找蓬莱仙岛，派徐福带童男玉女出海，是家喻户晓的故事（他不是第一个求仙药的帝王，《史记·封禅书》上说，入海求蓬莱、方丈、瀛洲三仙山者自周末就有了）。他喜欢到全国各地旅游，封山的活动，与希企遇到仙人有关。这在《史记·武帝本纪》中，申功论封禅时说得很明白了，其目的就是要"与神会"。但是最不可想象的还是宫室、园林的建设。阿房宫是上林苑中的建筑，其所以如此庞大，与神仙的迷信是有关系的。《史记·始皇本纪》上说：

卢生说始皇曰:"臣等求芝奇药仙者,常弗遇,类物有害之者。方中人主时为微行,以辟恶鬼。恶鬼辟,真人至。人主所居,而人臣知之,则害于神。真人者,入水不濡,入火不爇,陵云气,与天地久长。今上治天下,未能恬倓。愿上所居宫,毋令人知,然后不死之药殆可得也。"于是始皇曰:"吾慕真人。"自谓真人不称朕。乃令咸阳之旁,二百里内,宫观二百七十,复道、甬道相连,帷、帐、钟、鼓、美人充之,各案署不移徙,行所幸,有言其处者,罪死。

原来造这样大的园子,建这么多宫室,复道相连,不过是使大家不知他的所在,以便于他求仙。那些妄言神仙的骗子,还用"恬倓"这样好听的字眼,来促成秦始皇建造迷宫式的园林,与臣下捉迷藏,"恬倓"是唯一可以与道家思想相关的一点观念了。

秦始皇之后,汉武帝最为迷信神仙。也许越是雄才大略、开疆拓土的帝王,越希望长生不死吧! 汉武帝事实上重复了大部分秦始皇的迷信行径,最终仍不免一死。在他以秦始皇为模仿对象的多种事迹中,重建上林苑是其中之一。他不但重建了上林,而且加以扩大,恐怕在心理上是要与秦始皇比赛的。上林苑的建设充满了神仙国度的神秘、奢侈、荒淫,是否真有神仙思想在背后推动呢? 有的。在《汉书·司马相如传》中有这样一段话:

上既美子虚之事,相如见上好仙,因曰:"上林之事,未足美也,尚有靡者;臣尝为《大人赋》,未就,请具而奏之。"相如以为列仙之居山泽间,形容甚臞,此非帝王之仙意也,乃遂奏《大人赋》。……天子大说,飘飘有凌云气游天地之间意。

相如是一个文人，以文辞侍奉汉武帝，有时虽亦能以文谏主，有时候则以文谀主。在《上林赋》中，说了一些阿谀的话，结尾时对过分奢侈"讽"了几句。他写的《子虚赋》是极文采之能事，美化了虚无缥缈之想象中的世界，把好仙的汉武帝打动。在这里，他提到"上林之事，未足美也"，显然地指出汉武帝对上林的经营，是有一个神仙世界的幻想在背后的。司马相如为了媚帝，指出山林之中的神仙，形容憔悴，帝王为仙，就大不相同。这等于说，帝王要成仙，不必到山林中去找苦吃，是另有一套气派的，汉武帝读他的《大人赋》乃有了"凌云气，游天地之间"的意思。他是鼓励汉武帝的求仙之想的。

汉宫中的神仙气甚重，司马相如并没有写出来，而班固的《西都赋》中倒写得很清楚了：

> 前唐中而后太液，览沧海之汤汤，扬波涛于碣石，激神岳之嶈嶈。滥瀛洲与方壶，蓬莱起乎中央。于是灵草冬荣，神木丛生，岩峻嶓峆，金石峥嵘。抗仙掌以承露，擢双立之金茎。轶埃壒之混浊，鲜颢气之清英。聘文成之丕诞，驰五利之所刑。庶松乔之群类，时游徙乎斯庭。实列仙之攸馆，非吾人之所宁。

这里介绍的是太液池。池中海涛波澜拍岸激石之状，中间是瀛洲、方壶、蓬莱三山，而蓬莱居中，特高。上面长满了灵草、神木。有仙人以掌托盘以承露，大概是供饮风吸露的仙人享用的吧。上面也有建筑之属，但只是赤松子、乔洪之类仙人来游玩的，非一般人所可留住。

在今天，我们会觉得这样的记载，只是一种文学性的描写。事实上，

· 洛神赋图卷（局部） 传晋 顾恺之 《洛神赋》是曹植想象的神仙故事。此一部分为洛水女神衣带随风飘动，涉水而去，龙飞、雁翔，金乌高照。

汉武帝等对神仙是很认真的。《汉书·郊祀志》中有一段话，说明了这一点：

> 公孙卿曰："仙人可见，上往常遽以故不见。今陛下可为馆，如缑氏城，置脯枣，神人宜可致，且仙人将楼居。"于是上令长安则作飞帘桂馆，甘泉则作益寿延寿馆，使卿持节设具，而候神人。

同《志》中又有一段类似的记载：

> 方士有言：黄帝时为五城十二楼，以候神人于执期，名曰迎命。上许，作之如方，名曰明年。

· **洛神赋图卷**（局部） 传晋 顾恺之 洛神乘云车而去的一幕。龙为马，鱼为伴，乘风飞去。

这两段文字都说明了一个事实，汉武帝听信方士的话，特别建馆以候仙人。馆的做法是城上有楼。这与上文中所提到的"台"，在意义上是相同的。我国的"城"就是城墙。城墙是一种长条形的台，用夯土做成。所以"城"字可解释为一组台，"五城十二楼"可解释为五座台上建十二座楼的意思。这与后世道教常用的"观"字是很相近的。只有这些建筑，神人还是不来，方士们不免又出花样。《史记·孝武本纪》上说：

文成言曰："上欲与神通，宫室被服不象神，神物不至。"乃作画云气车，并各以胜日驾车辟恶鬼。又作甘泉宫，中为台室，

· **阿阁图** 宋　赵伯驹　在后人想象中，显然已将台与建筑分开，台成为迎神、祭神之独立建筑。

画天地、泰一诸神，而置祭具，以致天神。

亦即在接神人的宫室中，不但建筑要有神仙之气氛，道具也要为神所重。建筑上要画一些云气等图案，在甘泉宫中建台室，上面画些神像。

汉武帝在近畿一带建造了很多宫观，都是兼具游观与致仙的作用的。在《三辅黄图》中尚指出"集灵宫"、"集仙宫"、"存仙殿"、"存神殿"、"望仙台"、"望仙观"等。《洞冥记》中更提到"超仙台"及为思赵婕好所建的"通灵台"。这些在当时均散布在上林苑、甘泉宫中。据颜师古的解释，甘泉宫即甘泉山，宫中建造了很多通仙的建筑。此处离长安城三百里，可以望见城堞。山上有"通天台"，"云雨悉在台下"。宫殿台观之众与城里的建章宫差不多。因为皇帝常在此修仙，在此与宫嫔嬉戏，上面宫邸甚多，以备大臣相随。今天可以想象的，是高山之上，宫观相望，云气氤氲，令人恍然不辨天上人间。这是后代的文人墨客所乐道的"汉宫"，也是画师们笔下所喜画的"汉宫"。

后世之人向往于这种人间仙境，就把"汉宫"真正的与神仙连起来。武帝所宠幸的女人中，以赵钩弋最具有传奇性，被后人载入《列仙传》，正式"成仙"。宫中的美女都近乎天仙，使中国人在美与仙之间建立起一条朦胧的桥梁。这，一方面燃起了我国大众的浪漫的想象力，一方面则使不少昏庸的君王，以亲美女为求仙之道。自是而后，美女就成为宫廷园林中不可少的道具了。

总结地说来，秦皇汉武不但为我国的历史写下了辉煌的一页，在园林的基本观念上，对后世也有相当深刻的影响。于园林与神仙之间，以下几点是相当重要的：

第一，庄子以来壮大的气魄，使园林的建设以鸟瞰的角度进行，想象力优游于天人之间。这样的巨视的构思方向，以想象中的宇宙为模式，是连结了中国古代神话的宇宙观，与后世读书人气吞山河的气质。人与神之间，在中国人的心目中，距离是微小的。

第二，在这样的基础上，神仙的传统得以流行。园林之中，以神山的观念最易表达，蓬莱三岛是最著名的神山，乃为宫廷园林所乐于采用。因此园林之中，必须堆土为山，移土为水；水中有岛，岛名蓬莱，成为一种理想乐园的公式。园林造型自宫廷到盆栽，后期使用的语言虽异，在精神上是可以贯彻到今天的。

第三，楼、台等建筑包含了仙人的想象。园林的建筑本来就是比较自由活泼的，由于仙人的故事，这些建筑对于后世那些"不羡仙"的园主人们，是一种想象力的启发。因此园林的建筑可以说是我国建筑传统中有创造性的一部分。其中台与楼的巧妙结合是其基本特色，而楼或台就成为园林中的主体建筑。

第四，在佛教来临之前，根据文献，园林中有很多与神仙有关的道具，如承露盘、迎仙台，及壁画或浮雕等。佛教盛行后，为飞天、莲花等取代。这是后世放弃此一特色的主要原因。在宋元以后的界画中，有描写园林者，仍然有类似的、推想出来的设备。

秦汉之后，神仙说仍由帝王承续着。比较重要的文献，《洛阳伽蓝记》中，杨衒之记述北魏佛寺的盛况，就记录了曹魏时留下来的一些遗迹，透露出秦汉的园林传统，是经由魏晋留传着的。由于《洛阳伽蓝记》是一本以叙说文字为主的著作，它的记述明晰，不必臆测，比起经由赋文推测的秦汉宫园要踏实得多。该书在介绍曹魏到北魏皇家华林园的遗迹时的一段文字，是这样说的：

· **黄鹤楼图**（局部） 宋人　宋人画中之楼阁建筑即远古到秦汉之台，此图可为一说明。

华林园中有大海，即汉天渊池，池中犹有文帝九华台。高祖于台上造清凉殿，世宗在海内作蓬莱山，山上有仙人馆，上有钓台。殿并作虹霓阁，乘虚来往。至于三月禊日，季秋巳辰，皇帝驾龙舟鹢首游于其上。海西有藏冰室，六月出冰以给百官，海西南有景山殿，山东有羲和岭，岭上有温风宫。山西有姮娥峰，峰上有露寒馆，并飞阁相通，凌山跨谷。山北有玄武池，山南有清暑殿，殿东有临涧亭，殿西有临危台、景阳观。山南有百果园，果列作林，林各有堂。有仙人枣，长五寸，把之两头俱出，核细如针，霜降乃熟，食之甚美，俗传云出崑崙山，一曰西王母枣。又有仙人桃，其色赤，表里照澈，得严霜乃熟，亦出崑崙山，一曰王母桃也。……奈林西有都堂，有流筋池。堂东有扶桑海，凡此诸海，皆有石窦，流于地下，西通穀水，东连阳渠，亦与翟泉相连。若旱魃为害，穀水注之不竭，离毕滂润，阳穀泄之不盈。至于鳞甲异品，羽毛殊类，濯波浮浪，如似自然也。

在这段文字中，非常具体地描写了华林园的主要景物，而且把汉代以来神仙说的影响表达得非常生动。如蓬莱山、扶桑海、仙人馆、姮娥峰、露寒馆等，都是与神仙有关的名称。整个的布局，馆、阁、飞桥，凌山跨谷，乘虚往来，与秦汉的气魄完全相同，但是因为局面不大，不过城里的一角，可以想象与上林苑比起来，是具体而微的了。

值得我们注意的是，在北魏时期，神仙说已经世俗化，成为民间流传的一些迷信。在华林园中，桃李枣柿很多，民间当然吃不到，却有仙人桃、西王母枣等传说，做官的杨衒之也深信不疑。

该书同卷中亦记述了"西游园"，亦为曹魏所建，由北魏帝王所扩建的，文字如下：

> 园中有凌云台，即魏文帝所筑者，台上有八角井。高祖于井北
> 造凉风观，登之远望，目极洛川。台下有碧海曲池，台东有宣慈观，
> 去地十丈。观东有灵芝钓台，累木为之，出于海中，去地二十丈，
> 风生户牖，云起梁栋，丹楹刻桷，图写列仙。刻石为鲸鱼，背负钓
> 台，既如从地踊出，又似空中飞下。钓台南有宣光殿，北有嘉福殿，
> 西有九龙殿，殿前有九龙吐水成一海。凡四殿皆有飞阁向灵芝往来。

整个的园子，仍然以周代以来的"台"为主题，一座是凌云台，
一座是灵芝钓台，充满了神仙的想象。尤其是后者，其造型、装饰，
都是表达仙人传说的。居然把整座建筑负载在一个石鲸背上，又像跃起，
又似飞下，可说富于想象力了。

后代的史书中，偶有不安分的帝王受汉宫传说之影响，希望建造
仙境式园林的。在南北朝时代之刘宋时，开发了今天的南京城的玄武湖。
刘裕打算在湖中建方丈、蓬莱、瀛洲三神山，因当时的重臣何尚之力
谏乃止。到了萧齐，萧道成又打算学汉武帝，大建离宫山林，被当时
重臣徐孝嗣谏止。一直到了隋统一全国，炀帝就不客气地建造了"西苑"，
把神仙的境界再造起来了。

隋炀帝所建的西苑，与秦皇、汉武比较起来，神仙的意味更重，
简直把它当作主题了。这时候神仙之想已更加俗世化与人间化，不再
假想真有神仙降临，或专为神人准备享受的设备，而是炀帝幻想自己
就是神仙，要过神仙生活。他建造了十六院，各尽华丽，实以美人，
自己则在流通全苑的龙鳞渠泛舟，按其兴致，登院居留。由于希望仙

· 蓬莱胜境　清　袁耀　清代人想象中之仙宫，已失去跨越山川的气势，而以水岸为主要景致，并以建筑屋顶之变化取胜。

境鲜花常开，到了秋冬季节，就剪杂彩为花，在水池内，也"剪杂彩为芰荷"。这可能是最早的人造花，而且满园都是人造花。其中神山的部分是这样说的：

> 苑内造山为海，周十余里，水深数丈，其中有方丈、蓬莱、瀛洲诸山，相去有三百步，山高出水百余尺，上有通真观、习灵台、总仙宫，分在诸山，风亭月观，皆以机成，或起或灭，若有神变……

为了创造神仙的实境，炀帝不但建造了那么大的假山假岛，以象海外三神山，在山上建造了神仙之宫，还用了当时可能是世界上最进步的技术，做了机器，使山上的风亭、月观，忽起忽灭，这种尽人力以成仙境的工夫，实在是帝王之神仙梦最具体的表现了。

事实上，这种机械化的园景，在南朝时代已经由南齐的文惠太子发明了。这位太子喜欢宫室、园林之乐，"其中楼观、塔宇，多聚奇石，妙极山水"，因恐皇帝看到生气，乃"旁门列修竹，内施高障。造游墙数百间，施诸机巧，宜须障蔽，须臾成立，若应毁撤，应手迁徙"。他所发明的动态的园景，主要是"游墙"，用来遮蔽外边的视线。这座游墙，可有可无，乃机器控制。类似的机括，使用到园景的变化上，应该是轻而易举的了。

我国史上最后一位建造园林而有神仙观念的皇帝是宋徽宗。经过唐代，中国又多了几位为求长生不老而服药死掉的皇帝，以后连皇帝也变聪明些了。宋代以后，帝王不再相信长生不老那一套，但却相信道教，把神仙故事与道教连在一起。同时与民间一样的相信风水。宋徽宗因为子嗣很少，有人建议他在皇城的西北角建一高处，以改变风水。《宋史·地理志》上则记载，艮岳原名凤凰山，后神降其诗，有"艮岳挑空霄"之句，才改为艮岳的。

艮岳的风光，由于宋徽宗本人著文描写，各部景色有非常清楚的记载。自文中看，神仙的气息慢慢淡薄了，园景已被视为一种视觉经验。只是构筑山水、楼台，自然有些神仙的想象而已，因此园中用的名称仍然与神仙有关。在园之西北角为老君洞，供奉了道教的神像，有瑶华宫、蓬莱堂等名，亦有炼丹凝真观等建筑。

第三章

道家对中国园林之影响

我国的园林，在秦汉之后，受到庄子思想的影响。这种影响一直深透到后代园林的思想与精神之中，至今不衰。本章试分析庄子思想以何种形式影响园林之发展，及其影响的正面与负面，并讨论之。

一般地说来，我国读书人的思想一直受儒道两家的相互激荡，因此产生我国独特的精神文化。道家的思想基本上是出世的，以无为与自然为主旨，与园林之关系较为直接；而儒家重入世，以伦理与为人之道为主旨，与建筑之关系较为直接。所以中国园林与中国山水画之产生，及其思想理论的形成，可说乃以道家的思想为基础的。在思想形成期的两汉与南北朝时代，有一定的背景可以探讨，对道家思想进入园林观念的源起有所了解，有助于对中国园林整体观念的了解与评估。

秦汉帝国是我国帝制之开端，在思想开放自由，百花齐放的春秋战国时代，我国的知识分子经历过一个黄金时代。秦建帝国，实施残酷的独裁政治，对于知识分子而言，这是黑暗时期的来临。中国忽然自一个文明的社会，堕落到黑暗的深渊。国家是统一了，武力是强大了，但智慧与知识却被封锁了。历史上说始皇帝焚书坑儒，我们可以想象，他们坑杀的不一定全是儒家的信徒，是一切有思想的知识分子吧！

汉朝兴，似乎这种强压的残酷减轻了一些，但在基本上，中国开始为一个独夫所统治，他的意志就是一切，他的喜怒哀乐会形成对国家社会的重大影响。对于传统上协助统治者治理国家的知识分子，或给他们出主意的读书人，形成相当可怕的心理压力。他们在不被统治者接受的时候，已没有机会周游列国，劝说另一个统治者接受他的政治哲学；他们不为统治者所喜，要威胁他们生命的时候，也没有另一个国家可以逃避，当然更谈不上借外力来报复了。这个独夫一旦发怒，你是无所遁形的。他可以要你的命，可以割掉你的生殖器，砍掉你的脚，在你脸上刺字以永久侮辱，他蛮不讲理。你如同陷入土匪群中，并没有丝毫抵抗的能力。甚至事后记录冤情的自由也被剥夺。

在这种政治情势下的知识分子，实乃陷入极端的矛盾与痛苦之中。有机会接近统治者宫廷的读书人，必然要想尽办法，以文化的力量来约束帝王的兽性，以免其发作。孔孟与老庄的道理，都是他们可以利用的工具。经过一段试验，他们就会发现，孔孟的道理比较合乎统治者的胃口，可以为他们无限的权力做装点。用儒家的伦理观念，加上一些天道的迷信，勉强使专制帝王们对这种野蛮的行为再思而后行。然而这一股无理性的可怕的力量，随时都有爆发的可能。

知识分子的矛盾尤其在于统一帝国之中，帝力是唯一的权力来源。手无缚鸡之力的读书人，要求温饱，完全脱离这个力量却是很困难的。若要对国家、社会有所贡献，更必须要在权力中心附近，并想尽办法，得到帝王的信任。成功的知识分子，能够实现自己的理想的不多，得到世俗所赞羡的"荣华富贵"倒是事实，然而他必须冒着一种潜在的危险：不小心触动帝王的愤怒，甚焉者就死无葬身之地，妻孥家族受到连累。今天翻阅正史，如《汉书》，可以在简单的记载之中，看到执笔者审慎戒惧的心情，也可以看到简单的文字背后隐藏的知识分子的血泪。

在这种情形下，必有一些品性高洁的知识分子，完全放弃经世济民的初衷，把自己放逐于田野之间。要做到这一点是很不容易的。在那个时代的知识分子并非出自民间，他们都是有贵族的背景的，否则就没有机会读书了。基于他们的背景，要进入朝廷并非难事，如愿阿谀谄媚，做高官、享厚禄是唾手可得的。但是少数的知识分子宁愿留在田园，甚至逃往山林之中。

· 南山四皓　南朝画像砖　亦称商山四皓，为秦末汉初之隐者：东园公、甪里先生、绮里季、夏黄公，为隐士之代表人物。

　　到了后汉，这种具有超逸性格的知识分子，已经受到社会大众的尊重。这说明了在当时的社会上，已体验到放弃世俗的名利是一种了不起的作为。这种看法无疑的也是对于帝王权力的一种讥讽。然而即使留在田园、山林之中，如果过分地刺激到帝王的权力，仍然逃不出他的魔掌的。嵇康与阮籍都是很惨痛的例子。知识分子必须彻底地与政治分离，把心灵寄托在其他事物上，才可能被统治者完全放过。魏晋南北朝的四百多年间，中国的知识分子形成一种隐逸的性格，变成后世一千多年的中国人基本性格之一，实在是这种世上特有的政治力量所强制造成的。它实际上创造了中国的精致文化。不用说，这是中国园林思想的基石。

　　老庄的思想在这个演变的过程中，无疑占有主导的地位。老子与庄子的思想在其产生的时代，虽然在内容上似乎是消极的，但在特质上是干世的。他们的目的并不在于表明自己的思想或生活态度，而是很积极的，希望统治者采取他们的无为的哲学以统治天下。他们认为只有这样做，大家才会有太平日子过。基于这样的积极态度，他们乃不厌其烦地解释人生，以便说服为统治者执行政策的知识分子。所以在精神上，他们是自哲学的层面，通达政治的层面，最后贯穿到生活态度上的。

自汉武帝罢黜百家、独尊儒术之后，老庄的思想在积极的意义上已完全消失。士大夫阶级开始在消极的一面发现老庄思想的价值，以填补心灵的空虚，老庄就成为个人修为的途径了。因此自一个基本上具有济世意图的思想，过渡到以田园、山林之乐为主的隐逸思想之间，并不能找出直接的关联。

这就是现代的学者虽然深切感受到《老子》与《庄子》二书对中国后世精致文化的强大影响，却无法直接自二书中引用原文加以证实的原因。徐复观教授在其《中国艺术精神》一书中首次系统地把庄子的思想与中国的艺术之关系加以分析，着眼于其精神面的关联。其所以谈"精神"之故，想来也是没有直接牵涉艺术理论的缘故。徐先生说：

> 他们（老庄）只把道当作创造宇宙的基本动力，人是道所创造，所以道便成为人的根源的本质；克就人自身说，他们先称之为"德"，后称之为"性"。从此一理论的间架和内容说，可以说"道"之与艺术，是风马牛不相及的。但是，若不顺着他们思辨地形上学的路数去看，而只从他们由修养工夫所达到的人生境界去看，则他们所用的工夫，乃是一个伟大艺术家的修养工夫；他们由工夫所到达的人生境界，本无心于艺术，却不期然而然地会归于今日之所谓艺术精神之上。

· **竹林七贤与荣启期** 砖印模画 荣启期为春秋时人，孔子游泰山见荣鹿装带索，鼓琴而歌，为古代高士。此处与竹林七贤并列。

徐先生指出《庄子》一书中学道的过程，是与艺术体悟的过程相同的。他引用"达生"篇中梓庆削木为鐻的故事，说明这个过程。用木材制造乐器，在西方的观念，当然也是一种艺术。这位梓庆先生所制之鐻相当精美，"见者惊犹鬼神"。问他有什么妙诀，他表示并没有，只是在制作之前要有心理准备。开始时，要避免耗气，要静心，三日之后，利禄之心先除，五日之后，是非巧拙之心再除，七日之后，自然形骸亦忘却，眼中无官府的地位，胸无芥蒂，精神专注。然后再"入山林，观天性"，等胸有成竹，知道鐻的天性所在，才动手制作。这样做出来的东西，就"以天合天"了。

这个故事与大家所熟悉的"庖丁解牛"的故事，合起来，实即庄子以艺术喻人生修为的全部。庖丁解牛，"手之所触，肩之所倚，足之所履，膝之所踦，砉然、向然，奏刀騞然，莫不中音，合于桑林之舞，乃中经首之会"。一个宰牛的人，修为到家，一投足、一举手，就像高

雅的舞、乐一样，若合符节，技术到家，出神入化，"官知止而神欲行"，掌握了牛的生死的诀窍，轻轻动刀，牛身就"如土委地"了。同样的，修养的最高处就是体察到物之天性与天理。而这种天性、天理的体察，与艺术性的觉悟是互通的。

艺术必始于技巧。不能掌握技巧者，无法谈高深之艺术。自技巧中体会艺术之精神，乃畅然忘我的感受。反过来说，无忘我之修为，亦不可能上达绝巧。然而纯自技巧中找艺术精神是不够的，要静心养性，要"入山林，观天性"，要有更高的哲学上的体悟。这样思想与技巧相配合，就是艺术创造的最高境界。因此庄子思想的修为，好像是无为的，实则为大有为的准备而已。

道家的思想本身的艺术性，与园林艺术有什么关联呢？这又是值得进一步讨论的。

在基本上，庄子的基本思想是以自然为师的，他的思辨，常是以大自然的事物为基础的。他想到人以无用、拙笨而能长寿，乃以自然中所见的，无用的大树而得到启发的。他想到主观与客观的交融时，乃是以自然中所见之鱼儿悠游之乐而得到启发的。因此心情消极的知识分子，对于国事不再有进取的意念了，虽然仍然可以"隐于市"，而他们的选择，在可能的范围内，是以"入山林"为优先的。

这并不表示庄子是赞成退隐到山林之中的。在"刻意"篇中，他历数一些"刻意尚行，离世异俗，高论怨诽"的行为，其中有一类就是"就薮泽，处闲旷，钓鱼闲处，无为而已矣"的江海之士。他认为这样的人是"闲暇者"，并不足取。只有"淡然无极"的人才能"众美从之"。所以避世的人，是伪借庄子之名，实在并非真正的庄子的信徒，落实到真实人生上，以我看来，真正的庄子的信徒，是田园派的思想家。

田园与山林都处乎世尘之外，在世间上是没有分别的。但宁静、澹泊的人，当不得不弃世而去的时候，他的选择，不过是亲自下田耕作，以求自奉。这时候，人生的修为就在于纯、素的追求上。这样的生活并没有真正的闲暇，而是以纯朴、率真的生活方式为闲暇，一个知识分子在这样的环境中，其性灵的超升，基于对尘世的遗忘，到达忘我之境，乃能与大自然环境融为一体。在这种情形下，山林只是大自然的一部分而已，并不是他们要避世的自我放逐的环境。大自然的景色可以陶冶心性的观念，是在田园思想家的生活中体验出来，经由文学传播开的，并不是庄子的原意，但却在庄子追求纯、素的人生观，自大自然中观照人生的思想路线之上。

田园生活又自何时开始为知识分子所歌颂呢？

我国隐士之传统，胼手胝足，维持一最基本生活，以磨炼其高尚志节者，虽可上溯至周代以前，但真正有史籍记载者，要自汉朝开始。后汉

· **采菊东篱下**　明　文伯仁　一种淡雅之环境观，为后代之诠释。

道家思想与园林因而在绘画上结合。

为隐士开始大受赞扬推崇的时代，但当时的隐者，欣赏田园之美者，只能说退离朝廷，回家享受田园之供奉，过无官一身轻的贵族生活而已。在这种情形下，田园之乐是比较容易体会的。《后汉书·逸民列传》所载大部分隐士，都过着艰苦的生活，修养志节，并不及于田园之乐。后汉末期的仲长统也许是一个典型的田园生活的享受者。他说：

> 使居有良田广宅，背山临流，沟池环匝，竹木周布，场圃筑前，果园树后。舟车足以代步涉之艰，使令足以息四体之役。……蹰躇畦苑，游戏平林，濯清水，追凉风，钓游鲤，弋高鸿。讽于舞雩之下，咏归高堂之上。

这样的享受，看上去是十足的乡绅、地主，若是后代之人，我们不会想到他们与老、庄思想有何关联。但在后汉，这样的想法已是标准的老、庄出世之想了。他接着说：

> 安神闺房，思老氏之玄虚；呼吸精和，求至人之仿佛……消摇一世之上，睥睨天地之间。

上一句是老子的玄虚，后一句就有庄子的气度了。他要过田园的生活，并不是不能仕进，而是因为感到"名不常存，人生易灭，优游偃仰，可以自娱"，才决定"卜居清旷，以乐其志"的。他为什么感到"名不常存"？只是因为体悟老庄思想而被感动吗？非也。在他的著作《理乱篇》中清楚地表明了，眼见乱世之君主，昏庸荒淫，贤愚不分，天下之事实无可为，乃因而兴避世之想的。

后汉、两晋之隐士，史上记载者甚众，但大多记其超逸之行为，苦修之精神，未及其对田园、山林之观感。但在生活中享受清风、明月，想为当然。至晋后，史书对阮籍之介绍是："容貌瑰杰，志气宏放，傲然自得，任性不羁，而喜怒不形于色。或闭户读书，累月不出；或登临山水，终日忘归。博览群书，尤好庄老。嗜酒能啸，善弹琴。当其得意，忽忘形骸。时人多谓之痴。……"阮籍这种博学多才、超然物外，又装疯卖癫的形象，乃为后世隐士的典型之一。而他"登临山林，终日忘归"；可以推断，作为崇信老庄的知识分子，当时的隐士对于不需花费的自然景观，应该是随意取用的。

如果说仲长统式的田园生活是贵族的，那么陶渊明的田园生活就是素朴的了。陶渊明是我国第一位，也是最伟大的田园诗人。他不但在诗文上为一代宗师，其生活之风范亦为后世所景仰，视为最高的标准，他是田园生活的传播者。由于他的诗文，田园始成为中国读书人的圣地，而在田园生活中自得其乐，那种"悠然见南山"的仙境，才把质朴的自然风景提升到哲学的层次。庄子的思想，透过陶渊明的灵犀，才真正通到自然的景观。自此而后，自然的生命就是修为者不可或缺的精神食粮了。他的《归去来辞》可说是田园之乐最具体的说明：

> 归去来兮，田园将芜，胡不归？……舟遥遥以轻飏，风飘飘而吹衣。……乃瞻衡宇，载欣载奔。童仆来迎，稚子候门。三径就荒，松菊犹存。携幼入室，有酒盈樽。引壶觞以自酌，眄庭柯以怡颜；倚南窗以寄傲，审容膝之易安。园日涉以成趣，门虽设而常关；策扶老以流憩，时矫首而遐观。云无心而出岫，鸟倦飞而知还；景翳翳以将入，抚孤松而盘桓。

在陶渊明的眼中，田园中的自然景物无不生动，为他带来生命之感受。院子里的一株树，足以使他怡颜，园子里的散步道亦有其诗意。抬头看看云天，倦鸟知返，太阳就要下山了，还抚着孤松而舍不得回家。通过文学的高超表达力，大自然的美形象化了，奠定了山水画的精神基础。"木欣欣以向荣，泉涓涓而始流，善万物之得时，感吾生之行休。"生命实在太动人了，我乃忘形于大自然之中。"登东皋以舒啸，临清流而赋诗。"庄子的哲学乃通过文学，深植于生活之中了。

如果用今天的观念来说明陶诗对中国园林思想的影响，可以说陶渊明把生活环境与个人修养的关系正式突现出来了。在他之前，中国的读书人逃入山林以避朝堂，就有点像文雅的盗贼，要找躲避之所而已。陶渊明承续着庄子对自然锐敏的体察力，把田园、山林美化了，神圣化了，成为读书人主动追求的目标。是后读书人建造园林，无不遵循这一思想方向。

因此竹篱茅舍的田园景色就可以与宫廷中的台阁园林分庭抗礼了。由庄子的影响而逐渐为读书人所乐道的田园景色，甚至影响了南迁后晋室的华林园，使宫廷的园林少一分奢华的气势，多一分闲适的情趣。这一段时期也许是中国园林史上的第一次大融合，士大夫之经营园林者，就要兼顾两者的特色了。有时候所谓隐逸之士，也注意到园林景观的经营。《世说新语》中有一条说：

> 康僧渊在豫章，去郭数十里，立精舍。旁连岭，带长川。芳林夹于轩庭，清流激于堂宇，乃闲居研讲，希心理味。

康僧渊不但在大的环境方面，选择了依山傍水之处，而且在堂宇、

· 归去来辞图（局部） 传南朝宋 陆探微

　　轩庭之间，穿插了芳林、清流。这已经显现出居住环境的经营结合自然景观的努力了。这段文字是我所知的，中国读书人最早有意识地经营园林的故事之一。要过怡然自得的生活，居处之优美是必要的条件。

　　自田园与山林的景致与人格修为的密切关系而推演出的园林思想，在六朝得到了充分的发展，都反映在六朝诗人的作品与山水画的创始与成长上。园林，事实上已经完全成熟了。在《洛阳伽蓝记》中，我们可以看到各种形式、各种大小的园林。由于该书在园林与建筑史上具有特殊的重要性，当专文介绍。在这里只提到卷二"正始寺"条，谈到教义里之司农张伦宅之园林盛景时，有隐者姜质者，"志性疏诞，麻衣葛巾，有逸民之操"，非常喜爱这个园子，写了一篇《亭山赋》，歌颂张氏的建树。开始的那段文字，很清楚地说明了隐逸者的情操与园林之关系：

> 先民之重，由朴由纯。然则纯朴之体与造化而津梁，濠上之客，柱下之吏，无以为明心，托自然以图志，辄以山水为富，不以章甫为贵。任性浮沉，若淡兮无味。……（司农张氏）卜居动静之间，不以山水为忘，庭起深丘深壑，听以目达。心想进不为入，身荣退不为隐。

姜质是一个没有原则的人，他这样赞美一位贪官，不过是因为得到可悠游于其园林中的利益而已。像他这样的文人后世很多，很值得注意的是，在北魏的洛阳，这样的风气已经很流行了。有钱的人，在其宅中建造园林，享受山林之乐，公余之暇，冒充老庄之信徒。这说明在北朝时代的士人间，老庄的思想与园林的关系已经十分肯定，而见普遍地被滥用。

南朝的正直官僚徐勉在其《戒子崧书》中，提到自己营造小园的经过，说明了当时的士大夫经营田园的心情：

> 吾家世清廉，故常居贫素。至于产业之事，所未尝言，非直不经营而已。薄躬遭逢，遂至今日，尊官厚禄，可谓备之。每念叨窃若斯岂由才致？仰藉先门风范，及于福庆，故臻此尔。古人所以清白遗子孙，不亦厚乎？……中年聊于东田开营小园者，非

存播艺以要利，政欲穿池种树，少寄情赏。又以郊际闲旷，终可为宅，傥获悬车致事，实欲歌、哭于斯。

开始经营时的心情如此，不过"穿池种树，少寄情赏"而已，一旦经营之后，不免就会踵事增华。建造得舒服一点，原是必然的转变。他说：

……由吾经始历年，粗已成立。桃木茂密，桐竹成阴；塍陌交通，渠畎相属。华楼回榭，颇有临眺之美；孤峰丛薄，不无纠纷之兴，渎中并饶菰蒋，湖里殊富芰莲。虽云人外，城阙密连，韦生欲之，亦雅有情趣。

在他的叙述中，是树木繁茂、道路连通，有华楼廊榭之美。而且堆山成峰，长满了草，水池之中，生满了莲。丰富的园景中，"雅有情趣"多种。他对儿子说这些话，显然因为自己原是贫苦出身，竟建造了这样一座园子，不免有损清廉的家风，乃加以解说，述其必要之由。所以在长信的结尾前，再说一次他使用此园的情形：

为家已来，不事资产，既立墅舍，似乖旧业。陈其始末，无愧怀抱，兼吾年时朽暮，心力稍殚，牵课奉公，略不克举。其中余暇，裁可自休。或复冬日之阳，夏日之阴，良辰美景，文案间隙，负杖蹑屐，消遥陋馆。临池观鱼，披林听鸟，浊酒一杯，弹琴一曲，求数刻之暂乐，庶居常以待终。

田园的功能，在南北朝的时代，已经是士大夫在公余之暇，"文案间隙"，消遣心情之用。然后等待退休之后，可以悠游以终老。这种园林观，配合了儒、道思想在我国政治上的交互作用，支配我国士大夫的思想近两千年，至今仍无大改变。徐勉这篇《戒子崧书》的重要性，乃在说明了5世纪的中国，庄子对自然的哲学性的观照，已经完全转变为"临池观鱼，披林听鸟"的感官性的声色美感的欣赏，自思想境界进入艺术境界，成为士大夫调适生活的工具。

南朝宋代的大诗人谢灵运，写过一篇《山居赋》，并自己加以注解，是我国园林新创期最重要的一篇大文章。此文载于《宋书》，是谢之著作，当无疑义，但我觉得自注是一个很令人不解的现象，而且有些注文读起来，似为后世之学者所写。由于此文自注中有些重要的观念，在此仍假定为谢之著作，摘要加以介绍。

文章的开始先述志。他"卧病山顶，览古人遗书，与其意合"，在病中的心情，必然感到人生如寄，所读之书，大概是老子、庄子吧，所以体悟到"道可重故物为轻，理宜存故事斯忘"。其结论自然是兴起了自朝堂退隐的念头，以便"愿追松以远游，嘉陶朱之鼓棹"，找一处"虽非朝市而寒暑均和，虽是筑构而饰朴两逝"的地方。但经营山林是件大事，他先把祖上东晋谢玄的功勋及其"废兴隐显"的贤达之心述说一下，然后说出自己的心意：

> 仰前哲之遗训，俯性情之所便。奉微躯以宴息，保自事以乘闲。愧班生之凤悟，惭尚子之晚研。年与疾而偕来，志乘拙而俱旋。谢平生于知游，栖清旷于山川。

这种心情与陶渊明不为五斗米折腰的心情是不相同的，可以看得出主

· **柳荫高士图** 宋人 宋代之后以陶渊明为理想代表之名士形象及其环境象征。

· 草堂图（局部） 传卢鸿　道家理想之居住环境，竹篱茅舍仍兼有严肃之静修活动与融于自然之洒脱感，此种环境仅存于士人之理想中，故成为园林艺术范畴内的素材。

要是"年与疾"所带来的感怀。庄子的思想,成为他的郁抑中的避风港。他先选一个优美的大环境:

> 其居也,左湖右江,往渚还汀。面山背阜,东阻西倾。抱合吸吐,款跨纡萦。绵联邪亘,侧直齐平。

这是一个江湖漫连,山岭起伏,互相围护含抱的好地方。这里有农渔之利,亦有景色之美。然后,他要把自己的住处安置在可以欣赏到自然美的地点,这是一种设计的过程,在中国文字中,首次出现:

> 葺骈梁于岩麓,栖孤栋于江源。敞南户以对远岭,辟东窗以瞩近田。田连冈而盈畴,岭枕水以通阡。

他的自注里说:"葺室在宅里山之东麓,东窗瞩田,兼见江山之美。""骈梁"是三间屋子,"孤栋"是后世亭阁之属,一建于山边,一建于水边,相互遥望,可于其中看到江山、田畴之美。这就是设计。他歌颂这种江河田园之美景说:

> 自园之田,自田之湖;泛滥川上,缅邈水区。……风生浪于兰渚,日倒影于椒涂。飞渐榭于中沚,取水月之欢娱。旦延阴而物清,夕栖芬而气敷。顾情交之永绝,觊云客之暂如。

这篇文章大部分的文字是描述自然之物类与美感。由于他的园子是一片广大的山林与原野,在交待过东、西、南、北所临之江河之后,

· 小祇园　明　钱穀　文人笔下的明代庭园带有道家朴质的理想，在真实的名园中并不多见。
相信后世文人确有类似淡雅之田园风之园林，然无实迹可稽。

就叙述庄园内的种种景观。物不过是草木鸟兽，景无非是山川谷冈。在文章的中部，有一段文字，述说他经营的经过，可说是最具体的"主人就是设计师"的记录：

> 爰初经略，杖策孤征。入涧水涉，登岭山行。陵顶不息，穷泉不停。栉风沐雨，犯露乘星。研其浅思，罄其短规。非龟非筮，择良选奇。翦榛开径，寻石觅崖。四山周回，双流逶迤。面南岭，建经台；依北阜，筑讲堂。傍危峰，立禅室；临浚流，列僧房。对百年之高木，纳万代之芬芳。抱终古之泉源，美膏液之清长。谢丽俗于郊郭，殊世间于城傍。欣见素以抱朴，果甘露于道场。

这位主人策杖自行，涉水登山，不避风雨，不分晨昏，为的是寻觅最佳的景致，以便经营、建设。这是设计工作的第一个步骤。他明确地指出择、选乃以良、奇为准则，不是根据卜筮而来。由于建宅通常要卜的，他这段文字告诉我们士大夫经营园林，不同凡俗，完全以清幽的美景为准。选好了地点，就是建筑的活动了。三字一顿的四句话，说明建筑的位置。由于重视文字对称美，这四句话并没有像前文中的选宅基那样明显的叙述，但却告诉我们所建的屋宇，乃是经台、讲堂、禅室、僧房。这说明了在南北朝时代，佛家的影响已经深植于士大夫生活之中，佛道合流之趋势，无疑助长了园林的发展与普及。

文中与后世园林观念最有关的是他的自注中，述及他的居所的一段。其中"造"园的工作不多，利用山林自然景观以"选"景的成分为主。到他的居处，要"从江楼步路，跨越山岭，绵亘田野，或升或降，当三里许"。路上所看到的都是美景，"乔木茂竹，绿畛弥阜，横波疏石，侧道飞流"。自此进入其范围，但到其居处之山谷，还有二里多，这二里间主要是青翠连绵的山景。到了谷口，"缘路初入"，沿途都是竹林与水道，自东南向进入谷中，"展转幽奇"，富变化之美。这谷中——

> 路北东西路，因山为障。正北狭处，践湖为池。南山相对，皆为崖岩；东北枕壑，下则清川如镜。倾柯盘石，被袄映渚。西岩带林，去潭可二十丈许，葺基构宇，在岩林之中。水卫石阶，开窗对山，仰眺曾峰，俯镜濬壑。去岩半岭，复有一楼。迥望周眺，既得远趣，还顾西馆，望对窗户。缘崖下者，密竹蒙径。从此直南，悉是竹园。东西百丈，南北百五十五丈。北倚近峰，南眺远岭。四山周回，溪涧交过，水石林竹之美，岩岫隈曲之好，备极尽矣。

这就是一座山林庭园了。如果用今天的面积来计算，他这座园子大约十公顷，是南北与东西约三比二的一个山岭所围成的谷地。北边为水池，东北角有巨石之上老树下倾，垂临水面的美景。西边岩石成林，水流下泻，就在岩石中建屋，抬头看是远处的山峰，低头看是近处的水平如镜的池塘。在东面山岭上又建一楼，两相对望，互为借景。两馆的下面，是一片竹林。整个的环境是四周为"岩岫隈曲"的石峰，下面则是水、竹之美，自然景观非常有特色，至于屋宇的建筑则是非常简单的，与后世比较，尚没有工巧之丽，显然尚保持了一种田园的风味。

看这篇文章，谢灵运似乎心胸豁达，醉心老庄。实际上完全相反。他出身贵族，"文章之美，江左莫逮"，"性奢豪，车服鲜丽"，是一位典型的浪漫文人，又以美辞干官位。自今天的观点看，是很无耻的。"性褊激……自谓才能宜参权要，既不见知，常怀愤愤"，是一个想做高官，

· **桃源图**（局部） 明 王恒 桃源为后代画家喜爱之主题，其中桃花源为一洞穴之入口，遂使园林艺术中多有洞穴之设，因可形成"豁然开朗"之感也。

做不到就很生气的读书人。后来在政治上失败，被外放到永嘉做太守，他就不管正事，游历起山水来。这篇《山居赋》大约是到了会稽，"修营别业，傍山带江，尽幽居之美"后所写的。这自然说明了南朝士大夫之间，庄子思想与园林之不可分割，并普遍被无病呻吟地滥用，开始了中国士人极虚伪的一面。

但是真正可以代表读书人田园思想的私人园林想来也是同样盛行的。在南北朝的末年，一位感时伤怀的大作家庾信，因被北方政权所留置，写了不少令人感动的文章留传下来，其中有一篇《小园赋》，所述可能是他在北方的宅邸，不得不经营，以求排遣的园子。这篇文章表现出真正爱好自然的文人，如何敏感地在一个平凡的园子里，为一些平凡的自然景象所感动。这才真是庄子思想的真挚的表现。

为便于分析，兹将其中主要的文字引之于下：

尔乃窟室徘徊，聊同凿坏，桐间露落，柳下风来；琴号珠柱，书名《玉杯》。有棠梨而无馆，足酸枣而非台。犹得敧侧八九丈，纵横数十步，榆柳三两行，梨桃百余树。拨蒙密兮见窗，行敧斜兮得路。蝉有翳兮不惊，雉无罗兮何惧？草树混淆，枝格相交；山为篑覆，地有堂坳。藏狸并窟，乳鹊重巢，连珠细菌，长柄寒匏。……慨阽兮狭室，穿漏兮茅茨。檐直倚而妨帽，户平行而碍眉。……鸟多闲暇，花随四时。心则历陵枯木，发则睢阳乱丝。非夏日而可畏，异秋天而可悲。

· **归去来辞图**（局部）宋 李公麟　此图人物与景物比例甚不恰当，然可看出道家自然之想象终可因山石不分而与后期园林合流，真正田园生活之精神因而消失。

一寸二寸之鱼，三竿两竿之竹。云气荫于丛蓍，金精养于秋菊。枣酸梨酢，桃榹李薁，落叶半床，狂花满屋。……草无忘忧之意，花无长乐之心；鸟何事而逐酒，鱼何情而听琴？

这段文字所描述的画面，是一个不必蓄意经营，让大自然的力量自由运作的场所。庾信称为小园，若以今天的尺度来看，这座园子恐亦不能算小了。所以禽、虫栖息其间，亦甚少受到干扰，使这位园主人感到一种静、闲的意味。"鸟多闲暇，花随四时"，是主人"无为"的最佳写照。因此反映在诗人心灵上的是"历陵枯木"了。

如果仔细看这段文字，可看到这园里是没有多少建筑的。这里既没有馆，又没有台。主人的住所是有的，但延续了陶渊明的传统，房屋却很简陋，下雨漏水，又很低矮，过门要低头。大概门窗也不大关闭，与户外连成一片，所以落叶会飘散到床上，而满屋里都是落英纷飞。这种气氛毋宁是很肃杀的，反映了主人的枯槁的心情。

这园子并没有什么格局。"榆柳三两行，梨桃百余树"，好像农家田园，尚没有造景的观念。因此才有"草树混淆，枝格相交"的丛林感。由于浓密的树木造成略带神秘的气氛，时时予人以惊奇感。所以"拨蒙密兮见窗，行欹斜兮得路"。然而"山为篑覆，地有堂坳"，说明了"小园"中是有山水的造景。那么这种恬静、闲适的农家田园风味是有意创造的了。

是的，这恬淡、静闲是作者追求的境界。"一寸二寸之鱼，三竿两竿之竹"，菊、蓍（类菊之花）之属，随意生长。甚至水果熟了也没有人去摘食，而听其腐坏。这真是一种极其"无为"的自然境地。也只有在这种环境里，才能敏感地体会到"桐间露落，柳下风来"等大自然轻微的脉动。文章是免不了夸张的，我们不能因庾信的描写，就相信他真正是早晚与狂花、落叶生活在一起。以他的地位，这是不可能的。他以园景述志，不免因文藻而强调了些朴雅纯真的特色。但东晋以来的诗人们，顺着陶渊明的风格所写出来的田园诗，可以说这种单纯而自然的园子，是民间士人园林的特色，也是他们清静无为的诗情所发抒的理想园地。这种理想一直持续到近代。

因此，在南北朝，我国园林完全成熟的时候，在庄子思想影响下的自然园林，与在官廷园囿影响下的官式园林，分别在隐逸文人与官僚、豪商间发展出来，形成基本的对比的形态。它们之间的关系，如同它们的主人，有雅俗之分。它们代表了中国文化中两种不同的精神，然而又互相激荡，互相影响，亘一千余年未能完全融合。它们之间的对立，具体地说明了中国文化内在的冲突与矛盾。儒道之间的争议也许是中国读书人间唯一的动力。

总结地说起来，道家与园林的关系，可以分为三个阶段，试整理如下：

第一阶段是自然思想所促成的对自然现象的观察，与醉心的投入。自然是一个抽象的观念，以自然为师的修为是无为的，也是积极的、创造性的人生。这时候，道家思想与园林之美没有任何关系，中国可能尚没有园林。

第二阶段是汉代，道家的思想与遗世孤立的退隐思想相结合，因此产生退隐者与大自然间的独特关系。这时候道家思想的一部分开始使抽象的自然观念与大自然的生活环境发生直接的关系。无为的观念在现实社会中解释为闲、静的生活方式，因此使道家的思想，自主动的入世的态度，转变为超世的人生观。也是在这个时候，自然生活的美，为他们所颂扬。

在这个阶段中，统治者与统治阶级，自山川之美的体认，经营了大规模的苑囿与园林。山林、田园事实上成为与苑囿相对的观念，代表了朴实、素雅平凡的生活观。

第三个阶段是南北朝时代。这是一个混乱的大时代，也是各种思想融合的时代。道家的思想以个人修养的方式进入统治阶层，因此使道家成为一种思想游戏，与现实的生活脱节。在这个时候，田园与山林生活逐渐为统治阶层解释为仕宦生活中的点缀，而在自己的宅子中建造园林，以取代田园与山林。因此园林实际上代表了士大夫双面人格中，属于道家的一面，奠定了中国园林的基础。在这个阶段中，皇家苑囿的气象因动乱而减弱；在南朝，且受到田园思想的影响，苑囿与园林逐渐合流，性质上渐渐接近，趋于中和。

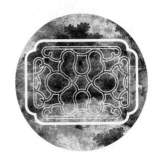

第四章

中国园林的洛阳时代

我国园林的主要性格在秦汉时期形成，并且逐渐普及于全国，到魏晋南北朝时代已经完全成型。前文中讨论到的一些特色，诸如园景为一缩小的宇宙的观念，神仙说所造成的影响，乃至道家隐逸思想的牵连等，到这个时代均圆熟地融为一体，形成一种介乎出世、入世之间，物质与精神之际的园林观，表达出想象的世界与现实的世界之间的等等矛盾，因此园林逐渐成为中国读书人性格的最佳写照了。魏晋南北朝可说是我国园林文化的转捩期，唐至北宋则是成长发展的阶段，而其发展的地点是以洛阳为中心的。

一 《洛阳伽蓝记》中所见之园林

要了解魏晋南北朝的园林，最好的资料来源就是北魏杨衒之所著的《洛阳伽蓝记》。这本书写在北魏灭亡之后的东魏武定年间，是一种追忆，但洛阳的盛况尚在作者的记忆之中，是相当可靠的资料。同时，这本书的文字是采记述体，有关的描写非常详尽，不需要推测。描写中虽不免文字的游戏，或过分夸张之嫌，大体上说是相当具体可信的。所以我认为它是中国园林史上很重要的文献。

在前文中，我曾引用该书部分文字，分别说明在 5 世纪与 6 世纪之交的中国，道家园林思想与宫廷园林的神仙思想的发展。在这里，我要说明一般性的园林的大要。

首先我们可看出，当时我国的上流社会是把建设园林当作生活环境中必要的一部分，因此是很流行的。上行下效，民间必然受到很大的影响，对于官家的园林是非常向往的。北魏建造洛阳是自孝文帝太和十七年迁都洛阳开始，时在公元 494 年。当时的洛阳经过长期的动乱，已经是一片废墟，文帝是从头开始建设的。而到永熙三年移都（邺），其间不过四十年。在这四十年之间，曾发生过庄帝在位时的大动乱。在这种情况下，北魏的建设竟有如此的成就，甚至有历史上最高大华丽的永宁寺塔出现，不能不说是一个奇迹。据杨衒之说，京城内外有一千多座佛寺，其中虽有不少是皇室贵族支援兴建的，也有很多是贵族们舍宅而成。尤其是尔朱荣兵变之后，王公贵族与官吏们被杀者无算，其宅改为佛寺者不少。因此住宅中的建筑与园林都成为佛寺静修的场所，为都城民众所欣赏。事实上，佛寺是把上流社会的园林艺术推广到民间的中介体。

至于这种逐渐普及的园林的性质与状貌是怎样的，在下文中将尝试予以分析。整体地说起来，不脱上文中所提到的三项主要的观念。此处先把该书中记述园林的文字录出如下：

一、瑶光尼寺：尼房五百余间，绮疏连亘，户牖相通。珍木香草，不可胜言。牛筋狗骨之木，鸡头鸭脚之草，亦悉备焉。

二、景乐尼寺：堂庑周环，曲房连接，轻条拂户，花蕊被庭。至于六斋，常设女乐，歌声绕梁，舞袖徐转，丝管寥亮……召诸音乐，逞伎寺内，奇禽怪兽，舞抃殿庭，飞空幻惑，世所未睹。

三、景林寺：寺西有园，多饶奇果。春鸟秋蝉，鸣声相续。中有禅房一所，内置祇洹精舍……加以禅阁虚静，隐室凝邃，嘉树夹牖，芳杜匝阶，虽去朝市，想同岩谷。

四、秦太上君寺：诵室禅堂，周流重叠，花林芳草，偏满阶墀。

五、司农张伦宅：园林山池之美，诸王莫及。伦造景阳山有若自然。其中重岩复岭，嵚崟相属；深溪洞壑，逦迤连接；高林巨树，足使日月蔽亏；悬葛垂萝，能令风烟出入。崎岖石路，似壅而通，峥嵘涧道，盘纡复直。

六、平等寺：堂宇宏美，林木萧森，平台复道，独显当世。

七、景明寺：前望嵩山少室，却负帝城。青林垂影，绿水为文。形胜之地，爽垲独美。……复殿重房，交疏对溜，青台紫阁，浮道相通。虽外有四时而内无寒暑。房檐之外皆是山池。松竹兰芷，垂列阶墀。含风团露，流香吐馥。……寺有三池，苇蒲菱藕，水物生焉。或黄甲紫鳞出没于蘩藻，或青凫白雁沉浮于绿水。礚硙春簸，皆用水功。

八、秦太上公二寺：……邻洛水，林木扶疏，布叶垂阴。

九、报德寺：周回有园，珍果出焉。有大谷梨重十斤，从树着地尽化为水，如承光之柰。

十、龙华寺，追圣寺：京师寺皆种杂果，而此二寺园林茂盛，莫与之争。

十一、高阳王寺：白壁丹楹，窈窕连亘，飞檐峻宇，缭䡺周通……其竹林鱼池，侔于禁苑，芳草如积，珍木连阴。

十二、冲觉寺：西北有楼，出凌云台，俯临朝市，目极京师。……楼下有儒林馆，退宾室，形制并如清暑殿。土山钓台，冠于当世。斜峰入牖，曲沼环室。树响飞嘤，阶丛花药。……使梁王愧兔园之游，陈思惭雀台之谑。

十三、白马寺：浮图前柰林蒲萄，异于余处，枝叶繁衍，子实甚大，柰林实重七斤，蒲萄实伟于枣。味并殊美，冠于中京。

十四、宝光寺：当时园地平衍，果菜葱青……园中有一海，号咸池，葭菼被岸，菱荷覆水，青松翠竹，罗生其旁。京邑士子，

· **山鹧棘雀图** 传五代 贵族园林奇花异鸟实其间，与奇石相配，
为后世宫廷花鸟画的来源。

至于良辰美日，休沐告归，征友命朋，来游此寺。……置酒林泉，题诗花圃，折藕浮瓜以为兴适。

十五、法云寺：佛殿僧房，皆为胡饰。……伽蓝之内，珍果蔚茂，芳草蔓合，嘉木被庭。

十六、临淮王彧宅：彧性爱林泉，又重宾客。至春风扇柳，花树为锦，晨食南馆，夜游后园。僚宷成群，俊民满席，丝桐发响，羽觞流行。诗赋并陈，清言乍起。

十七、寿邱里（王子坊）：当时四海晏清，八荒率职……于是帝族王侯，外戚公主，擅山海之富，居川林之饶，争修园宅，互相夸竞，崇门丰室，洞户连房，飞馆生风，重楼起雾。高台芳榭，家家而筑。花林曲池，园园而有。莫不桃李夏绿，竹柏冬青。

十八、河间王琛宅：造迎风馆于后园。窗户之上，列钱青锁，玉凤衔铃，金龙吐珮。素柰朱李，枝条入檐，伎女楼上坐而摘食。（此宅后改为寺）四月八日，京师士女多至河间寺，观其廊庑绮丽，无不叹息，以为蓬莱仙室亦不足过。入其后园，见沟渎蹇产，石磴礁嶢。朱荷出池，绿萍浮水。飞梁跨阁，高树出云。咸皆唧唧，虽梁王兔苑，想之不如也。

十九、大觉寺：林池飞阁，比之景明。至于春风动树，则兰开紫叶；秋霜降草，则菊吐黄华。

二十、永明寺：房庑连亘一千余间。庭列修竹，檐拂高松，奇花异草，骈阗阶砌。

二十一、凝圆寺：房庑精丽，竹柏成林，实净行息心之所也。

综合以上摘录文字，大概可以对当时园林的风貌做一些描述如下：

（一）当时的大型建筑似乎都有后园。"高台芳榭，家家而筑；花林曲池，园园而有"。

（二）一般的园林是雅致的，树木与花草是必要的，至少要有"嘉树夹牖，芳杜匝阶"，"花林芳草，偏满阶墀"的幽静、凝邃的感觉。中国士人对居住环境的理想在此描绘出来了：建筑与园林要充分结合。"堂庑周环，曲房连接；轻条拂户，花蕊被庭"说明了这种结合的关系。除了创造诗情画意之外，当时的建筑与花木比起后代，更有自然的情趣。到后代，"堂庑"间就少见"轻条"了。

（三）园在当时尚有果园的功能。很多寺园都以出产珍果著名。园中也有种菜的。

（四）在大型庭园中，继承了汉代造景的原则。司农张伦宅的园林描述最清楚："伦造景阳山，有若自然。"这句话把汉代至南北朝间常见于文献的堆土为山的记载点活了。中国园林在那个时代是着意于创造人为的自然。在上引的文字中，描写了自然风景的变化，可以想象是很动人的。但在一个官员的后园里，有这样复杂的风景，也可以想见是自然的缩影，是一个大模型。这是自秦汉上林苑以下，渐渐缩小到官员的园林规模的一个明证。到了明代，又缩小到民间后园子去了。

（五）在大型庭园中，景物之布置也受汉代官园的影响。第一是有高台，上建楼观，可以"俯临朝市，目极京师"。这种做法到后代就被皇权剥夺了。第二是有浮道，是一种上层的连接道路，可俯视景物。后代也许因园林规模渐缩小而放弃了。第三，珍禽异兽、珍花异草是他们最喜欢的东西，这种传统仍然持续着，虽然在规模与种类上逐渐减退。后代喜欢的锦鲤，或"牛筋狗骨之木，鸡头鸭脚之草"，在这个时代也已经流行了。

· **秋林群鹿图　五代**　枫林中之驯鹿应为宫廷苑囿之景，多彩多姿，一派富贵气象。

（六）花木之属受到魏晋以来文人传统的影响。如"竹相成林"，"庭列修竹，檐拂高松"，如"兰开紫叶"，"菊吐黄花"，如"松竹兰芷，垂列阶墀"等等，都可看出后代园林所喜欢的植物，大体上具备了。尚没有出现的是梅花。

综之，《洛阳伽蓝记》中所见的中国园林，已经具备了后代园林的大部分特色，同时也传承了秦汉以来官家园林的一些特点，所以确实可以看为我国上古园林与中古园林的转捩点。自思想的层面看，这个时期是大融合的时代。神仙思想进一步世俗化，增加了更多的人世的情思，信仰的成分减低了，逐渐成为日常生活中的一些点缀。道家出世的思想也经过园林而世俗化，自亲身经验素朴自然的出世生活，转移到后园里的出世静修的假想，因此，认真地回归自然的观念也逐渐减退，而成为日常生活中的一些点缀。到了后来，两者甚至交融而不能分辨了。

自社会的层面看，这个时期是把园林艺术自皇家亲贵的独占，逐渐推展到官僚住宅的时代。在两汉，豪门富商已经有园林之好，但到了南北朝，随着园林规模的减缩，都城之内的宅第都可以兴建了，所以不免地形成时尚。

最后一个问题是，《洛阳伽蓝记》所描述的园林，能不能代表南北朝的全体呢？

有关南朝的园林并没有详尽可靠的记录。但在宋代出现的《六朝事迹编类》中，可零星地看出一些蛛丝马迹。在当时的建康城，有一条美丽的河流，称为青溪，大约就是秦淮河的支流吧，南朝的鼎族多沿青溪两岸建宅。其中"江令宅"条中提到陈尚书令江总之住宅，占有最佳的位置，陈后主都曾去看过。唐刘禹锡诗云："南朝词臣北朝客，归来唯见秦淮碧。池台竹树三亩余,至今人道江家宅。"不但说明了江宅的位置,而且看出其园的范围并不广大,"池台竹树三亩余"也许说得太小了些,至少表示官僚的园林已适应现况,在城中建造,南朝也是很盛行的了。

在《南史》中载,梁"朱异及诸子,自潮沟列宅至青溪,其中台池玩好,每暇日与宾客游焉",也说明了这一事实。同时我们注意到,两处都用"池、台"二字表示园林,也可说明以台为园林中心的汉代以前的传统为南朝所延续下来了。

二 唐代园林之发展

唐、宋为我国文化之极盛时期,照理说,园林之发展必然出现一种蓬勃的现象。但是很遗憾的是,唐宋六百年间,除了极少数的语焉不详的记述外,没有留下多少资料可供我们分析研究。尤其是宫廷园林,除了宋徽宗"艮岳"之外,几乎没有任何有系统的记载。

自文献上看来,唐代建国之后,李渊与李世民都有建造离宫、苑囿的行动。尤其是唐太宗,盛年成大业,与秦皇汉武何异?按照帝王之习性,必然是好苑囿之建设的。但他究竟是一位"明君",有一群耿直的大臣在身边不时劝诫,所以有关他建离宫的记载,表现了左右为难之感:一方面不断地出现建离宫别馆的念头,一方面又要顾忌大臣的谏诤,心中也确实觉得劳民伤财,不利于国祚。这种心理我们是可以想象得到的。唐代隋,隋祚甚短,乃亡在炀帝奢侈的生活上。殷鉴不远,他能不随时怀有警惕之心?不但如此。《唐书》的作者怀有把史书作为后代君王教科书的心情,所以不免把他们所不赞成的事迹略而

· **游春图**（局部） 传隋 展子虔 表现建筑与自然的关系较谦逊的一面，与驾凌自然的上林苑气势不同，为中国文人道家传统的一种环境观。建筑在山坳中，与风水说渐相吻合。

· **敦煌 428 窟** 北周壁画 早期绘画中之山水，为俯视式，山峰罗列，分划为若干空间，山以尖三角为象征，小于树木、人物，隐约开后世山水庭园之先河。

不提。唐太宗为帝王的表率，建造宫苑，正史上不载，实乃史家隐恶扬善的意思，至于其宫苑建置，更是不可能提及的。

举例说，唐高祖李渊于武德八年建太和宫。这宫在长安南五十里之太和谷内，为李渊狩猎之处，所以是宫园的性质。到太宗贞观十年废除了。然而后来年事渐长又动念头重修。群臣上言请修，可以供他避暑。他接受了，就命将作大匠阎立德负责。为了不太破费，把顺阳王的府第拆了，取用其木材砖瓦，据说"包山为苑，自裁木至设幄，九日毕工"。九日能完成的离宫，应该不费民力，十分简陋了，可是它包含的建筑很多，又有朝殿（翠微殿），又有寝宫（含风殿）。正门向北，名云霞门。又有皇太子专用之别宫，"连延里余"。还有喜安殿、玉华宫、

· **敦煌45窟** 盛唐壁画 盛唐之画中山水，仍为俯视式，山水蜿蜒，甚为生动，虽建筑与人物仍大于山水，然已极富后世园林风味。

· 敦煌112窟　中唐壁画　经变故事中有山川之描写，已具有明代山水画之抽象品质。视点甚高，山势之变化富戏剧性，承续盛唐遗风。

晖和殿等，可以想象门观相对，廊庑相接，规模实在不小。九天能完成吗？不可能的。不过后人为唐太宗掩饰而已。

　　据记载，他确实有"意在清凉、务从俭约"的意思，所以除了正殿以外，余均用草茸。他怕士庶批评，写了一篇长文，说明自己为国征战，身心俱疲，有必要觅地休养，"养性全生，不独在私在己；怡神祈寿，良以为国为人"。在园林建设上，"绝丹青之工，假林泉之势"，与汉代的未央、甘泉是大不相同的。虽然他这样说，宋代《册府元龟》上的记载，仍认为花了不少钱的。

　　他实际上很喜欢"丹青之工"。据《玉海》所载，贞观二十二年起紫微殿十三间，"文甍重基，高敞宏壮，帝见之甚悦"。在正史之外记载的，

· **敦煌 112 窟**　中唐壁画　净土变故事中之宫室,高台建筑对称相连,与日本平等院凤凰堂相类,为唐代宫廷式园林建筑之标准形式。

他是喜欢建离宫的。

其实唐太宗贞观五年就设置了九成宫。此宫因其碑为习字的帖,为国人所熟知,然而《唐书》"本纪"不载。此宫为太宗早年与大臣宴游之所,本隋仁寿宫,是隋文帝晚年的离宫,应当是铺张的,可惜没有详尽的记录。唐宫廷园林比较有资料可查的,是贞观八年为退休的高祖所建的大明宫。在那个时候,仍有汉代的习惯,"宫"这个字常是宫园的代词,是宫殿与园林的复合体。大明宫因地势较高,设置也比较完备,自唐高宗以后,帝王就在这里办公了,近些年,大陆的学者对大明宫的发掘与复原做了些功夫,情形更明确了。

大明宫分为三朝,外朝以含元殿为正殿,中朝以宣政殿为正殿,内朝以紫宸殿为正殿。内朝是非正式的朝堂，可说是以园林为主的。当时的盛况，今天已不容易复原，但我们知道，内朝的中央是太液池，地势颇有起伏，因其基地为龙首山支陇落脉的地方。因此环湖可能为丘陵，因就势营园。据文献（《西京记》），西南角的金銮殿是在山丘上，山丘向太液池之坡为金銮坡。《唐六典》上说含元殿的位置在龙首山的东趾，因此可以推想龙首原的两个支脚围着太液池。

我们虽无法知道布置的详情，但自《唐六典》所载的内朝宫殿的名称，可以知道汉代宫殿的若干传统仍保留着。其殿名中的"凝霜"、"承欢"、"仙居"、"拾翠"、"碧羽"、"蓬莱"、"三清"等等，都有很浓厚的神仙意味，而且太液池中的蓬莱山亦颇合于六朝以来的传统。据史载，唐太宗是于五十岁的壮年，吃长生不老药中毒致死的。所以可以推想大明宫后朝的布置，具有浓厚的神仙园林的色彩。唐武宗也曾建造望仙台于后宫。可知《太真外传》之类的传说，在唐代是有其发生的背景的。

唐代宫廷园林，在大明宫之外，乃玄宗时所修建的位于城南的芙蓉园与曲江池。玄宗天宝年间这一带最为盛时，环江都有观榭、宫室，可惜没有详细的记载。天宝乱后被破坏，后来又加修建，有曲江、昆明湖，建楼亭，又准许高级官员可在堤上建宅。所以有唐一代，曲江池地区是富于园林之盛的。

今天我们只知道芙蓉园与曲江池在长安城东南角。曲江池是一个弯曲的小湖，芙蓉园在湖之东边，为一高地，所以唐人是在高地的芙蓉园建亭台楼阁，俯视曲江池的水景，又可远眺长安宫城及终南山。自唐人留下的很多诗篇来看，这里并不尽然是皇家的园林，似乎民间也可以来此游玩，是属于皇家与民同乐的地方。究竟如何分辨官用与

· **唐怀德太子墓壁画**　高台楼阁，远处山石错综，为写实技法描述园林最早之例证。

民用，今天已无从知道了。我们从诗篇中知道，园中有各种花木、果树，而水中为荷花，水边为杨柳。池上亦建有水殿，高处有竹林。

由于上文所说的，唐人因视园林建设为悖德之事，所以没有记载。不但皇家园林如此，民间与士大夫之园林记述的也不多。但这并不表示唐代人少建园林。《画墁录》上记载，唐京省到了夏天，三天才办一次公，所以公卿们都在近郊兴建园林，"以至樊杜数十里间，泉石占胜，布满川陆"。不但公卿私人都有"别业"，办公的厅舍也建造了园林，"省寺皆有山池"。各部会并在曲江池置有船舫，准备每年的节庆时可以游园。这说明了当时园林之盛，是不输于后代的。

唐代的园林记载比较多的是中唐的两个相国的家园，一为李德裕的平泉庄，一为裴度的家园。这时候，唐代的政治中心已经东移至洛阳，所以这两座园子都在洛阳附近。据《剧谈录》记载，平泉庄是这样的：

> 平泉庄去洛三十里。卉木台榭，若造仙府。有虚槛，前引泉水，萦回穿凿，像巴峡洞庭，十二峰九派，迄于海门，皆隐隐见云霞、龙凤、草木之形。有巨鱼肋骨一条，长二丈五尺，其上刻会昌六年，海州送到。

这段文字中所看到的平泉庄，在精神上与汉代的园林并没有什么差别。不但有仙府的观念，而且浓缩长江流域于园林之中的做法，仍具体而微地反映了《上林赋》中的观念。神仙的影响，通俗道教的思想，可以在"隐隐见云霞、龙凤、草木之形"上看出来。园中居然有巨鱼肋骨，奇形异物之喜好是很明显的了。

对于平泉庄的另一段记录是《贾氏谈录》所载：

· **八达春游图** 传后梁赵嵒 此图描述唐到北宋时期之贵族园林，园中奇石、嘉木已为观赏主角，李德裕之园想即此种景象。

平泉庄周回十里，建堂榭百余所，今基址犹存。天下奇花异草，珍松怪石，靡不毕致其间。故德裕自制《平泉草木记》。今悉芜绝。惟雁翅桧、珠子柏、莲房、玉藻等，盖仅存之。怪石名品甚众，为洛阳有力者取去，惟礼星及师子二石，今为陶学士徙置梨园别墅。

这一段话等于是为李德裕的《平泉草木记》中"又得江南珍木奇石于庭际"的注脚。李德裕在该书中说明了他建造此园的志趣，他惺惺作态地表示，乃追先人之志才经营此园的，又说了些人生的道理，一面做他的大官，一面心在田野。由于没有空闲到泉石之间，只有说要把它留给子孙，希望他们体会他为先人之志建园的理想，要善于保

· **唐假山人俑组**　为假山在园林中出现之最早例证。此时之假山已非土山，而为尖三角，呈山字形，后世山、石不分之传统自唐初始。

　物象与心境

· **唐三彩假山及水池** 为最早之假山水园林之模型。后为山，大体呈尖三角形，前为水池。

存园中的一石一木。

实际上，当时的园林是权势与财富的象征，与出世的田野生活的理想是毫不相关的。所以在《闻见后录》中提到："牛僧孺、李德裕相仇不同国也，其所好则每同，今洛阳公卿园圃中石，刻奇章者，僧孺故物，刻平泉者，德裕故物，相半也。"到了宋代，两园的奇石都到了新贵的手中了。李德裕虽希望其子孙能善保斯园，但奇石异草，人人想得而有之，他有这种想法就是不了解人生的真谛。平泉庄可以说是中国史上士大夫在园林上所表现的双面性格，最突出的一个例子。

另一位中唐的宰相裴度，则真正因为政治上的失意而建园归养。当时宦官干政，有志的人都转于林下了，裴度在洛阳的集贤里治第，《唐书》上说："沼石林丛岑缭，幽胜午桥，作别墅，具燠馆凉台，号绿野堂，激波其下。"文字的描述尽于此，只知该园中有泉石林木而已。由于这

· **明皇幸蜀图**（局部） 传李昭道　此图甚为著名，山之形均为尖笋，极为夸张，此时树林及人物与山石之比例正确。然而山水画中之山与园林中之假山从此不分矣！

是退隐的园林，所以居所设备很舒服。由于裴度在士大夫中具有领导的地位，诗人如白居易、刘禹锡等人都时有往来，所以他的园林观自然有相当大的影响力，因此形成一种士大夫风格的园林。

这种园林是承续了六朝以来的出世思想的。虽然在骨子里，尚不能认为园主人一定有出世的意图，但纯正的念书人进退于庙堂，园林是一种慰藉。这传统之下，奇花异木，就不是他们所追求的对象了。诗画俱佳的王维有辋川园，是在真实的自然景物中寻求山林隐居生活的最佳例子。与裴度同时的白居易，其园因其文名得以远传。他说："吾有第在履道坊，五亩之宅，十亩之园，有水一池，有竹千竿。"他对其中的亭、堂都没有说明，但只予人以清爽的感觉。他的园在今天看来是很大的，但以当时的尺度来说，尚算是小型的，所以仅种竹一种，以现代的美学来回顾，乃单一主题创造景观的手法。在当时，也许是为生产与观赏并顾而经营的。在王维的辋川园中，亦有一竹园，其性质盖相近也。

白居易在《自题小园》诗中，很清楚地说明了文人对园林的看法，并在形成文人园林的大传统上发生了相当明显的作用：

> 不斗门馆华，不斗林园大，但斗为主人，一坐十余载。回看甲乙第，列在都城内，素垣夹朱门，蔼蔼遥相对，主人安在哉，富贵去不回。池乃为鱼鉴，林乃为禽栽，何如小园主，拄杖闲即来。亲宾有时会，琴酒连夜开，以此卿自足，不羡大池台。

诗的上半段很生动地描写了当时的官员以园林相斗的庸俗面貌，洛阳街坊上园林夹峙的景象如在目前。后半段则述其志，以鱼禽自由生存

· **辋川图**（局部）传商琦临王维辋川图　为王维原画之临摹，同类摹品甚多，组织大同小异。
此一部分为辋口庄，应系主要建筑群，可视为官僚阶级以建筑内部活动为主的园林观的代表。

的环境，反映主人悠然自得的生活，承续了陶渊明的思想。

在唐代由于庄园制度的流行，退休的官员与民间商人转变的地主都拥有大片的土地，因此在园林规模上，非今天所可想象。同时，唐代的官僚对于自然景观的鉴赏能力已经非常普遍，对于那些因机缘不必在京城服务的官员们，常常是在大自然中寻求美景的机会，他们可以结合自然环境，或略加改造，经营一个他们所喜爱的隐居环境。

这样的园林最有名的是王维的辋川园。王维是一个盛唐时期的中级官员，却有能力在离长安不太远的地方，买下整座山谷，作为休闲与奉母的场所。据世传《辋川图》与其他资料显示，他在辋川这条河

· 日本天龙寺庭园组石　日本庭园组石之山形，显为唐代假山之影响。日人的叠石也讲究象形，与柳宗元文中的意思大体相类。

谷中，配合着自然风景，造了二十一景之多。有些是深宅大院，有些是静堂三间，亦有完全开放于自然景色的亭榭。在二十一景中，有一半完全没建筑，或为兼有生产性的景观，类似今日所谓产业观光者，如竹园、鹿园、漆园等等。或为完全未加人力的自然景观如巨石、瀑布等。辋川园由于经诗文酬答与留下《辋川图》之故，乃成为后代文人最为崇奉的居住环境的理想。王维的短诗有些名句乃来自辋川诗中，对于鼓吹园林中的田园思想，是有很大的力量的。

在唐代的文人中，柳宗元是对建筑与园林最有兴趣的，留下的文章为后人所传诵的几篇，多与园林有关。他是中唐时的下级官僚，由于到处做地方官，所到之处，设法寻求景观优美的地区，买地经营园

· **日本水晶神社庭园**　日本庭园之水岸叠石，崇尚自然，并有山水之想象，
应属中唐以后文人自然庭园之类。

林以遣怀。他在被贬为"永州司马"的时候，在当地辟园，由于自怨自艾，为自己选的地点以"愚"为名，这段妙文是这样写的：

> ……愚溪之上，买小丘为愚丘。自愚丘东北行六十步，得泉焉。又买居之为愚泉。愚泉凡六穴，皆出山下平地，盖上出也。合流屈曲而南为愚沟。遂负土累石，塞其溢为愚池。愚池之东为愚堂，其南为愚亭，池之中为愚岛。嘉木异石错置，皆山水之奇者。以余故，咸以愚辱焉。

由此可以看出在唐代的文人中，以自然之乡野为环境而经营园景是很普通的。柳宗元的愚园是很狭小的，但也有丘，有泉，有溪，非后人所可想象。而在自然环境中仍加以人工化，说明了文人在质与文之间的妥协态度。有池、有亭、有堂、有岛，"嘉木异石错置，皆山水之奇者"，俨然是后世园景的模式了。

他在另一篇文章《钻鉧潭西小丘记》中，提到他转任到西山之后，如何去外寻园。他找到山口，内有钻鉧潭，潭边有小丘，丘上有竹树，有石块突出地面，形状怪异。丘甚小，他就买下来，打扫清洁，铲除秽杂之后，把树木、竹石都显出来，就成为一处最佳的园林，足供观赏。在这里，柳宗元并没有动什么手脚，只是在自然界中截取一段而为园。他所喜欢的嘉木美竹都是自然生成的。他所喜欢的奇石，也是地面自然裸露的。

这种开辟自然景物以为园林的方式，他在为永州刺史韦宙的新堂作记中，也提到了。他说要在城市中建造深谷、高山、水池，那要搬运山石、挖掘沟壑，费很大的人力，冒很多危险，做出来还不一定与

· **平安京园池遗迹**　约当唐宋间之日本宫廷园林，应受中国园林之直接影响，可视为最早
遗迹。既存遗迹中，池形自然，池岸叠石亦近自然，为后代日本庭园之滥觞。

自然相近。永州的九嶷山麓，时有自然环境，山泉、嘉木、奇石俱备，
只稍清理就可以成园的。韦刺史是识货的人，经清理后——

　　奇势迭出，清浊辨质，美恶异位。视其植，则清秀敷舒；视其蓄，
　　则溶漾纤余。怪石森然，周于四隅，或列或跪，或立或仆。窍穴
　　逶邃，堆阜突怒。乃作栋宇，以为观游。凡其物类，无不合形辅势，
　　效伎于堂庑之下。外之连山高原，林麓之崖，间厕隐显，迤延野绿，
　　远混天碧，咸会于谯门之内。

　　在这里，柳宗元非常清楚地说明了当时利用自然景物建造园林
的种种。文人观察自然，所见并非完全粗野的自然，而是由水、石、

草木所构成的特殊的自然，反映在文人胸中，呈现奇特的想象中的环境，由文中剪截而成者。柳宗元的散文很可喜地记录了当时文人的园林精神，是结合了自然与自汉代以来喜爱怪异的传统。自王维，而白居易与柳宗元，他们为后代的松、竹、怪石为主题的绘画开了先机。

　　然而在文化呈现积极膨胀的时代，松、竹之类源自六朝的植物形象，虽在文人的笔下继续流传着，却不能算是唐代的正宗园林植物。多彩多姿的长安与洛阳该是牡丹与芍药的故乡。可惜的是在文人心目中，这些艳丽花朵过分地代表人间的富贵，而未能留下歌颂的词章。但是

·十八学士图（局部） 宋　孔雀、牡丹为唐宋时代之宠物，为富家园林不可或缺的。牡丹象征富贵，到宋代为装饰艺术最流行之主题。

在传世的文物中，我们可看到盛开的牡丹花是非常普遍的题材，逐渐取代了六朝的莲花，成为日常生活中最普遍的装饰。到了宋代，就成为中国花卉之王了。

三《洛阳名园记》中的园林

自园林史上看，北宋的洛阳实在是唐代园林的延续，所以可以把中唐到北宋视为洛阳的鼎盛期。当然，宋代李格非所著《洛阳名园记》就成为具有时代意义的经典作了。

一般说来，初唐与盛唐的长安，园林虽已普及，但长安城在地理上，水源不多，士大夫建园于宅的风气不开，故园多建于城外曲江地区。洛阳自北魏以来即有于城内建园之传统。其原因之一，乃洛阳城内有多条河流穿过。士大夫穿凿引水灌园，为十分轻易之事。而洛阳一带气候适中，与长安比较起来，人口密度较低，做官的人建宅园比较容易。据说在初唐时，公卿即有在东都洛阳经营宅园者。以当时的空间距离而言，其说是值得怀疑的。但高宗武后始常居洛阳，中唐以后，东都之地位日渐重要，宫室园林之盛渐为中国之中心，上文中所提之李德裕、裴度、白居易等园均在东都。洛阳在文化上的地位，虽因北宋建都开封而略损，但在宋代，在一度因水道失调，园林趋于低沉之后，洛阳仍然是中国园林之中心，许多名臣，如欧阳修、司马光等均于告老时，思居洛阳，并以洛阳守为职。苏辙曾于其《洛阳李氏园池诗记》一文中提到洛阳园林之地位，他说：

洛阳，古帝都。其人习于汉唐衣冠之遗俗，居家治园池、筑台榭、植草木，以为岁时游观之好。其山川风气，清明盛丽，居之可乐。平川广衍东西数百里，嵩高、少室、天坛、王屋，冈峦靡迤，四顾可挹。伊、洛、瀍、涧，流出平地。故其山林之胜，泉流之洁，虽其闾阎之人与其公侯共之。一亩之宫，上瞩青山，下听流水，奇花修竹，布列左右；而其贵家巨室，园囿亭观之盛，实甲天下。

《洛阳名园记》中记述了十九座园子，当是选其最有名者予以记录之意。在这十九座园中，官吏所有者较多，为平民所有者亦占三分之一以上，可见当时民间的富商有渐与官员抗衡之势。我们为了清楚地了解北宋洛阳园林的性质，特别就其主景、特色与园之内容，加以统计，显示其意义如下：

第一，园林多以池台花木为主要内容，但各园均有其特色。有些园以竹胜，有些园以古木胜，如老松巨栝，有些园以花胜，如牡丹。

第二，洛阳园林之台具有相当重要之位置。其中尤以高官与王府所建之大型园林，仍以高台为中心主景，以远眺山林与宫殿之景致。这一点可说明北宋洛阳仍承续汉晋六朝之遗风。

第三，有些单一主题之园林出现。如单种牡丹的天王院花园，以水竹为主的大字寺园，以各种花为主的李氏仁丰园等。这些园中可能连一般的池台亭榭都没有。

第四，开始有收敛性的园林观念。在董氏西园中，有屈曲易迷的园景空间。此种设计原与自汉代以来缩小宇宙于园林的观念，有某种观念上的连通，但"屈曲易迷"则为此一观念的实现，必须接受并欣赏屈曲易迷的空间，才能把传统园林的观念纳入庭院之中。此为开启后代收敛、内省型园林的重要步骤。

· **独乐园**（局部） 明 仇英 司马光之独乐园为后代文人所诠释。此为仇英所见之司马光，园林为一牢笼矣，何乐之有？可见后世对"独乐"之误解。

· **司马光独乐园** 传宋人 此作亦应为元代以后之作品，为以文人之心去诠释独乐园之例，较近于自然，反映了以堂为主的文人园的精神。

在刘氏园中有"刘氏小景",在方十余丈的台上,居然"楼横堂列,廊庑回缭,栏楯周接,木映花承",可想象是在紧凑的空间中,布置多种建筑的设计,此亦为开启后代收敛型园林建筑手法的创举。

第五,文人园林风格的建立。宋代之前,文人承六朝田园思想之志趣,时有结合田园之出世思想于园林建设之尝试,但是园林建设乃为财富与权势之象征,与田园思想处于对立之地位,能拥有园林者,大多为出入宫廷之官僚,其田园志趣不免为惺惺作态,此可以唐平泉庄为例。即使裴度的园林,仍然有亭台之胜,使白居易舍自己的园不游而往裴府里跑。北宋颇有几位表里如一的文人,其中欧阳修与司马光是典型的代表。欧阳修的东园与司马光的独乐园都是朴质无华的,尤以独乐园,被视为规模卑小,"不可与他园班"。

第六,各园在格局上自有特点,尚不能发现明确的共同模式。规模较大者,园中因景分为区域,每区均有不同之主题。以区域之多寡,分别园景之丰盛与否。用水之法,似有环形与线形之分,池分布于园内不同区域。

第七,园分布于城内、外,有因自然景物成园者。

综上所述,可知我国的园林艺术在唐宋时代已经稳定发展成熟,成为国民生活中不可缺少的一部分。自豪奢的贵族形式,到简朴的文人风格,都已在同一大传统之内发展完成。高官巨贾,占有各种优势,所开辟之园林规模宏大,变化万千,富丽之处,直指汉晋宫园。以台榭亭阁之华丽,奇卉异木之美妙,竞胜于世。文雅之士,具有一定财力,亦可辟地,求山池竹林之乐,以供读书休闲。而洛阳一地,雅俗并蓄,有为民众公用之牡丹园,即使司马光独乐园,亦可供雅人共赏,来者不拒。可知私园公赏,自北魏洛阳以来,即蔚成风气,亦我国园林之一大特色，且逐渐使园林艺术普及化，为明清园林打下了基础。

自六朝至唐宋，我国的社会亦进行着大变革，影响了各类的文化活动。魏晋以来，我国社会盛行门阀制度，官僚人才之选拔，亦偏重门阀，故虽无贵族阶级之名，却有贵族阶级之实。至唐，考试制度渐采开放政策，然历代宰相概出名门，可知权力仍掌握在少数门阀手中。这种财富比较集中的贵族社会有助于园林艺术之发展，因为园林艺术不但需要财力，而且需要上流社会长期培养出的品味能力与鉴赏标准。

魏晋至唐代的门阀，使汉代以来的两种具有极端性质的园林观，逐渐统一为园林艺术的成熟形式。这两种极端即上文所述的汉代宫苑系统，与汉末以来隐逸之士的田园系统。为了说明方便，我们试用图表推演如下：

园林乃由三大要素组成，即建筑、山水、动植物是。自汉代以来，华丽型的园林，原是"弥山跨谷"的建造宫观、复道，因其规模动辄数百里，山水等等实为自然界的一部分，只是于其建筑邻近处，植以奇花异木，蓄以珍禽异兽而已。在后期贵族的园林中，由于其财势不及帝王，规模不过十数里，则其自然景物不能完全令人满意是理所当然。为弥补缺陷，对于地形仍不得不大量改造，所谓"十里九坂"，就是用坂筑大量堆山的意思。挖土堆山，同时可开为池塘，引临近河水充之。这是我国园林的正式开端。其上的建筑，因人造自然规模所限，自然不能与宫观相比。但砌筑高台，上建楼阁堂榭，并以飞廊相连，是可以做得到的。继承了宫廷的传统，这时的花木仍以奇异为尚。

园林进一步地大众化、市区化，为官僚巨贾所乐于经营，其规模

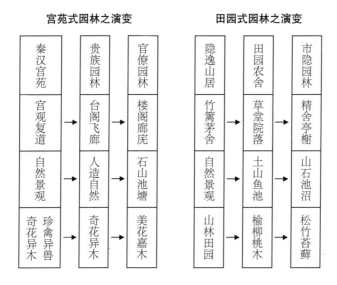

宫苑式园林之演变

秦汉宫苑	→	贵族园林	官僚园林
宫观复道	→	台阁飞廊	楼阁廊庑
自然景观	→	人造自然	石山池塘
奇花异木 珍禽异兽	→	奇花异木	美花嘉木

田园式园林之演变

隐逸山居	→	田园农舍	市隐园林
竹篱茅舍	→	草堂院落	精舍亭榭
自然景观	→	土山鱼池	山石池沼
山林田园	→	榆柳桃木	松竹苔藓

逐渐缩小，甚至连人造自然的机会都不容易了。在几十亩的范围内经营自然，只是缩小的自然的模型而已。这时候的重大改变，乃把土山改为石山，而且开始爱好可以模拟山峰的奇石。山池变成一种纯艺术形式，不再是自然的本身了。其中的建筑乃以形制较小的楼阁为主，以廊、庑与亭轩伸展到园林之中。大体上说，这是到唐代，我国楼阁园林的发展大要，表现得最清楚的莫过于宋、元界画。

自田园系统看，我们自远古以来即有隐逸的思想，其居住环境为自然的原野与山林，过着非常原始的生活。这种隐逸的生活观到魏晋的乱世与道家思想结合后，发展成对自然的观照，形成园林艺术的另一系统，与田园诗、山水画，共同为六朝时代的发明。隐逸是极少人所可能做到的，因此世俗之人对他们产生很多想象，而喻为仙人。在实际生活中，陶渊明的田园居却是可以做得到的，虽然在那一个时代，知识分子多来自上流社会，下田是少有的事。过田园生活的文人，其观照的对象是生产的田园。所以他们也掘土为山池，然池中养鱼以供食用，园中之桃木亦为果实而种植，然而有修养的文人可自其中汲取诗情画意。

但是这种思想的大众化与市区化，亦必然经过一种修正，那就是把广大的原野缩小为数亩的园林，所必须经历的转化过程。原是生活即艺术的，如今要抽离生活，变成纯粹艺术了，因此土山鱼池必须变成雅致的山石、水岸，荷叶田田、榆柳桃木对于这样的山池未免太粗糙了，这时候，具有相当象征价值的松与竹开始正式为艺术家所喜爱，就逐渐推行到园林中了。而建筑物亦自草堂演为比较精致的供读书之房舍。

到唐代，这两种园林并行，并且逐渐交融。楼阁园林中的楼阁成分降低，融合了堂庑。在植物中采用了松竹，山石则自然应与奇石并用。这样就奠定了后代中国园林的基础。然而明代园林理论的建立，则有待于南宋以后，江南园林支配时代的来临了。

附录：唐人的"盆池"

我国园林在近千年的历史中，发展得多彩多姿。有些不为后人注意的细微处，却有深刻的寓意。

明代以前的园林并不一定有水，古人就因环境的条件，对于水池之应用，采取相当弹性的态度。水池固然越大越好，有时他们也不得不欣赏很小的代用品，并琢磨出一些特殊的美学来。

池为心境

事实上，唐代的文人间确实发展出一种类似案上清供的水池观，名曰"盆池"。我们可以想象对于一般文人，或中下级的官僚，在干燥的华北大地上，即使有园池建设的打算，也未必能达到目的，水在华北是非常珍贵的东西。有水池而保持池水常满是很不容易的，文人们要欣赏水景，有时候就不得不靠一点想象力了。

"盆池"是什么呢？在文献中可以看出，乃由于水源缺乏，只好在院子里埋下一个盆子，倾水其中，聊充水池。盆子是陶制的，比较不易渗水，明显的是为保存可贵的水源。唐人有一篇《盆池赋》，开始的几句，就说明了这一点：

> 达士无羁，居闲创奇，陶彼陷器，疏为曲池。……深浅随心，
> 方圆任器。

虽然这里说盆池是"达士"独创的办法，其实在当时是相当流行的。诗人杜牧就曾有《盆池》一首，把盆池在庭园中的意境描写得十分动人：

> 凿破苍苔地，偷他一片天；
> 白云生镜里，明月落阶前。

这座盆子是埋在阶前的苔藓覆盖的土地上，水面平静如镜，常常反映出一片天光。白天可以看到白云，晚上可以看到明月。陶盆的形状，"方圆任器"，应该是几何形，因此盆池是相当有禅宗意味的。上引的《盆池赋》中有几句话，表达出一种深刻的禅境：

> 分玉甃之余润，写莲塘之远思。空庭欲曙，通宵之瑞露盈盘；
> 幽径无风，一片之春冰在地。观夫影照高壁，光涵远虚，云鸟低临，
> 误镜鸾之缥缈，庭槐俯映，连月桂之扶疏。是则涯涘非遥，漪澜酷似，
> 沾濡才及于寸土，盈缩不过乎瓢水。

后文中，更发挥想象力，扇风可以起浪，浮芥叶可视同"解缆之舟，远同千里"，在意境上，在"影照高壁，光涵远虚"的格调上，与日本的枯山水与苔石庭，都很近似，尚觉高超些。"盈缩不过乎瓢水"，这水池泳涵着宇宙，却不过瓢水之盈亏而已，实是中国古人智者之心镜。

古文大家韩愈也很为盆池着迷，写了五首诗以歌颂之，第一首是

· **日本平楷邸茶室之坪庭** 院内石上积水之景。此虽为近代作品，实即唐代盆池、小池等之精
神移植到日本的例证。

说明其来源：

> 老翁真个似童儿，汲水埋盆作小池；
> 一夜青蛙鸣到晓，恰如方口钓鱼时。

埋个盆子做成小池，晚上就有青蛙来鸣是不可能的。他老先生夸张得过分了。第三首描写池里的小动物，尚合情理：

> 瓦沼晨朝水自清，小虫无数不知名；
> 忽然分散无踪影，唯有鱼儿作队行。

最具有高超意境的还是第五首，与前引的文字有类似的玄思：

> 池光天影共青青，拍岸才添水数瓶；
> 且待夜深明月出，试来涵泳几多星。

这种自盆子里看"池光天影"的"池艺"，说明了唐人的情操，也说明了唐人对池的爱好。这盆子并不一定是陶瓦之盆，有时也可能是石盆。杜牧的作品中就有一首题为《石池》者：

> 通竹引泉脉，泓澄深石盆。
> 惊鱼翻藻叶，浴鸟上松根。
> 残月留山影，高风耗水痕。
> 谁家洗秋药，来往自开门。

石池的味道与陶盆不同。陶盆要远离树阴、花丛，以便完整地反映天光。石盆由于斫石不易，可能并不一定要埋在地下，而是有点园中道具一般的与树木花草形成一种雅致的组合。所以池上有竹引泉，池边有松，其根可供浴鸟振翼。这使我们想到日本式小园中的石臼样的小池。在园景中，残月的影子并不孤单。

这种玩具式的盆池到宋代渐不流行，与宋文化渐渐南移至多水地区有关。但在宋文中亦偶尔一见，大诗人陆游就有一首游戏之作：

> 小小盆池不畜鱼，题诗聊记破苔初；
> 未听两部鼓吹乐，且看一篇科斗书。

即使在南方，缺水的现象仍然发生，大诗人无池不能存活，学唐人弄只盆子充数。

既然可以接受以盆子为池的观念，我们推想唐宋的古人，靠文学的想象力，园池的规模小些，是可以接受的。唐代有园池狂的白居易，一天也不能看不到池子，而宦海浮沉，一生被流放多处，有时候免不了凑合些。他写过一首《官舍内新凿小池》诗，不但说明小池的做法，也表达了文人的感怀，与盆池是一贯的：

> 帘前开小池，盈盈水方积。
> 中底铺白沙，四隅甃青石。
> 勿言不深广，但是幽人适。
> 岂无大江外，波浪连天白。
> 未如床席间，方丈深盈尺。

清浅可狎弄，昏烦聊漱涤。

最爱晓暝时，一片秋天碧。

这是一座青石砌成的方池子，底铺白沙，在院子檐下不远处，白居易颇有童心，有时还玩玩水，顺便也洗洗脸、漱漱口，可以说是多用途的。大小方丈，深一尺，就很使他满意了。至于其景致呢？仍然无非是"泛滟微雨朝，泓澄明月夕"，无非是"最爱晓暝时，一片秋天碧"，爱其反映天光而已。

另有一首诗是一位名方干的诗人写的，题为《于秀才小池》，进一步证明了小池的普遍性。诗曰：

一泓潋滟复澄明，半日工夫剧小庭。

占地无过四五尺，浸天应入两三星。

鹢舟草际浮霜叶，渔火沙边驻水萤。

才见规模识方寸，知君立意在沧溟。

这位诗人在赞赏了小池的韵味之后，却自方寸的规模，度量小池主人的志向，是十分远大的。那就是以小池比心志了。

外来的影响

自以上唐代盆池、小池的诗文看，此种小型水池之使用，与六朝以来传统的园池观似有一种距离。它似乎不是用来表达自然，或模拟自然，而是当作一种心镜，不但是造型抽象，几近天然，用意也不在此，在精神上，颇富于宗教的情操，所以上文中曾认为它有禅园的意味。然而唐代以后，盆池为何逐渐消失了呢？

当然与南宋的重心移至多水地区有关。但是另有一个因素也不能忽略。那就是南宋以来，中国文化全面地回归于六朝崇尚自然的阴柔性格，逐渐放弃了唐人主观而阳刚的一面。

可是唐代何以会有这样的水池观呢？以我看来，乃受中东文化之影响。

我们知道中东文化经由西域，与盛唐之长安有十分密切的接触。唐文化中融入波斯色彩的事实反映在精致文化的各方面。金银器、陶瓷器的造型，音乐歌舞，无不受中东直接的影响。到目前为止，我们知道建筑并没有受到外来的影响，可是在庭园上可不可能受到影响呢？

很可能。唐代长安的外人很多，他们必然带来了一些自己的生活方式。他们也许住中国的房子，但很可能带来中东的水池，那是自古罗马以来传播遍及地中海沿岸，并远及于波斯、伊斯兰教文化的庭院中的方形或圆形水池。在少雨的地中海地带，水是生命的泉源，是具有哲学意味的象征。水池在建筑中是一种装饰，也是一面镜子，它反射了四周的景物，是建筑的核心。在这种水池里，本是没有生物的，与树木花草无关。

我推想，这种使用水池的方法可能与波斯萨珊王朝的装饰纹样一样为中国人所借用，因为长安也是少雨的地区。它很快就中国化了，为中国文人的想象力所润饰。然而其基本的反映天光的虚幻精神却没有改变，为每一位文人所乐道。所以他们非常注意水面的平静、清洁，宁愿违背自然之理，只有到宋代，才开始容许生物之存在，如上文所引陆游的诗。

唐代有一位自号弘农子的，写了一篇《小池记》，记述他自建小池的故事。他的池在小园子的竹斋前，并不是盆池之类，周有三十步，四周还种了花木。在风起微澜，雨水充溢的时候，他感到"江湖之思满目"。最妙的是他不喜欢池面上有杂物，片叶寸梗都不能容忍，要僮仆们不停地清除。朋友们来访不免觉得这是过分的辛劳，并无价值。这样一个小水池，没有任何用处，费这些劳力做什么？这位弘农子则不以为然。池小就没有用吗？比起长河大川来，它固然无农渔舟楫之利，但也无这些活动带来的骚扰，最后他的结论是说：

> 故吾所以独洁此沼亦以镜其心也。将欲挠之而愈明，扬之而不波，决之而不流，俾吾终始对此而不渝……

他竟把水池看作静态的镜子，比喻他的心性。

到了宋代，小池虽然偶然被使用，其意义则已大为改变。小池逐渐被视为小型的自然的水域，人并乐于看到因水池之存在，所招来的生物的活动。这才真正接近后期中国案头园林的观念。欧阳修有一首题为《小池》的诗是这样写的：

> 深院无人镴曲池，莓苔绕岸雨生衣；
> 绿萍合处蜻蜓立，红蓼开时蛱蝶飞。

院子是静悄悄的，但是池子却是一个充满了生命的戏剧的舞台。下过雨，苔藓就长满了水岸，蜻蜓与蝴蝶为绿萍与红蓼吸引而来。诗人静观的心态与唐代的"心镜"似乎并无不同，但是静观对象是自然的生态与生命的美感，不再是在虚幻的影子中找自己的存在了。

心园的经营

不论是唐人的盆池、小池，及宋代以后的小型自然园林，都属于静观艺术的范畴，在精神上是内省的，为供主人修身养性时观赏之用，与案上的清供，或琴棋书画等文人艺术并没有不同，这与通常对外开放的大型园林在意义上是完全不同的。

我发现唐人有这种盆池的观念时，不免有点惊讶，因为它与中国传统园林中的自然观大不相同。然而我亦自此感觉到中国传统的博大精深与兼容并蓄。它说明了中国的古人虽然在园景艺术上自始即有大众化的倾向，却同时也可以进行某种程度的抽象化，形成一种完全属于个人的，用来寄以玄思的艺术。

自唐人盆池的心镜的观念，使我想到，中国的园林原来就是一种心境的表现，与真正的自然有别，所以广义地看来，一切园景都是心镜。这种观念是抽象的、现代的，可以连结上现代生活环境的创造。然而在精神上又是传统的、内省的，重于心性修养的。这种精神非常深刻地影响了日本的庭园艺术。

第五章

中国园林的江南时代

如果把我国园林自南北朝到北宋的稳定发展时期称为洛阳时代，那么，自南宋到明末的五百年间，可以称为江南时代。

公元12世纪初，宋王朝在长期积弱之后，终于被来自北方的蛮族所征服，被迫退守到淮河以南，开始了以长江三角洲为中心的中国文明，也结束了我国逐渐衰微的贵族政治。在园林的发展上，开创了一个新纪元。

在11世纪以前的洛阳时代，政府统治的阶层是由少数的精英分子所执行的。这些人在生活方式、思想观念上，具有相当的一致性。虽然在政治见解上有很大的歧异，在文化生活上却没有严重的分别。而下层的广大群众则视其地域有完全不同的特点、生活习俗、语言文化，与上流社会简直是两个天地。园林，一般说来，是属于上流社会的游戏。

自北宋开始，中国社会开始产生质的改变；首先是商人阶层的兴起。由于唐代大庄园的瓦解，金钱经济逐渐取代以土地为中心的经济活动，上流社会不得不被迫与商人建立密切的关系。通过财富的累积，商人不但逐渐提高了影响力，而且成为上流社会与下层广大群众之间的中介者，使中国文化产生垂直的交流。因此中国文化的世俗化，就与人口的大量增加、工商业的发达而同时迅速进行中。而发生的地点也就是当时经济活动的重心——江南地区了。

中国社会质变的另一个重要因素是宋代仕进之门的逐渐开放。宋代以前的考试制度，大多只是在上流门第的子弟中选取官员的方式而已。到宋代，考试制度才实行三级制，使边远地区的人才，可以经由层层考试而集中到中央。虽然高官的直接推荐仍然占有极重要的比例，民间总算有一个可以从政的管道了。

这样的仕进制度增加了商人的影响力。官吏的背景多样化，使政治权力与财富分离，官吏们有时需要商人的金钱，以便维持上流社会的生活水准。在园林的经营上，开始以中级官吏与商人为主干。在商人阶层与政府官吏的交往过程中，园林是重要的手段，因为官吏大多属于风雅的文人。

这种质变所发生最彻底而具有代表性的江南地区，实际上就是指以苏州与松江二府为中心的今天的江苏南部、太湖以北的地区。金陵与杭州已经是这一区的边缘地带了。

据历史家研究，"江南"一词最早为国人所使用，乃泛指大江以南的意思，唐、宋两代都是如此。以江南为政治区划，要再细分才成。到明朝，所谓江南，乃指以南京为中心的江南一带，除今天苏南之外，尚包括安徽南部及浙江、江西的北部在内。由于苏南地区性质非常特殊，民间的用语很自然地把江南的范围缩小。到了清朝，所谓江南，实际上就是指苏南了。而这一地区的中心城市就是苏州。

苏南地区自唐以来在经济上就占有重要地位，到宋代，实际上是国家的粮仓。我国的首都自隋唐至明初，从长安而洛阳，而开封，而杭州与金陵，有一部分原因可以说是由苏南地区的粮食所形成的吸引力牵引过来的；隋唐以来的运河，乃指把苏南的粮食运到京城的人造渠道。

苏、松一带，在面积上可说是弹丸之地，但在经济上，是国家财税的重心。由于水利发达、土地肥沃，其生产力在农业社会中发挥到极致，元、明以来，其税粮已达到全国的 13% 以上，其一府之地超过中原一省而有余。至于布匹更为悬殊，一府所征，常数倍于他省。

由于经济高度的开发，苏松一带固然成为政府苛捐杂税的征收地，但也很容易产生豪门与富民。在专制时代，这种经济形态必然造成贫富不均的现象，财富集中于少数官僚与地主之手。而此一现象正是园林艺术发达的基础。自南宋以来，江南一带也成为我国文学与艺术的中心，"江南"一词与风雅的文人生活，几乎成为同义语。这种情形，到明朝末年发展至顶点，使江南地区成为中国后期文化的大熔炉，汇而为一种独特的、大众化的、世俗化的文明。在这里，中国文化已经没有明显的贵族与平民之分了，也没有乡俗与高贵之别了。儒、佛、道早已融为一体，理想与现实混为一谈，宗教与迷信不再划分。这样的文明最恰当的象征，就是江南的园林。

江南的园林始自六朝时期，实在有一段悠久的历史。然而早期的江南，处于文化的边陲，其园林基本上受中原之影响，并没有显著的特色。有唐一代，中原文化鼎盛，洛阳、长安之园林君临天下，江南一带，并无有关园林之记录。迨唐衰，中原板荡，文物大受摧残，江南一地因南唐李氏与越王钱氏自保，得偏安之局，始有园林之经营。然至北宋时，其园林仍不见有显著之特色。

北宋神宗年间有朱长文者，在苏州经营了一座园林，名为"乐圃"，有三十亩的规模。这座园子虽比不上唐代李德裕的平泉庄，但悠游之余，也很希望能善加保存，以便"千载后，吴人犹当指此相告曰：此朱氏故圃也"。当然，他的希望依然是落空了的。到南宋《吴兴园林记》的时代，他的"乐圃"已经不曾为人提及了。

朱长文在《乐圃记》中说，他这座园，原是"钱氏时广陵王元璙"所经营的众多园林的一部分，他只是加以扩充，以奉养老父而已。根据他的描写，这座园子实在是他生活起居，甚至营生的地方，与后期的园林是大异其趣的。其中有一座三合院，是家眷所居住。三合院南有堂，是读书的地方。其东有"蒙斋"，是教书的地方，他大约是以教书为生了。园子在建筑区的西面，有山池亭台之属。然而他对池亭的描写，仍止于生活情性之致，如台为琴台，亭为墨池等，并没有景物之胜。他比较得意的还是其中的树木。他说：

> 木则松桧梧柏，黄杨冬青，椅桐柽柳之类。柯叶相蟠，与风飘扬。高或参天，大或合抱。或直如绳，或曲如钩。或蔓如附，或偃如傲。或参如鼎足，或并如钗股。或圆如盖，或深如幄。或如蜕虬卧，或如惊蛇走。名不可以尽记，状不可以殚书也。

他不但详细描写了树木形状的变化，而且又赞美树木抵抗恶劣气候的侵袭，其花卉之艳、果实之利。因此我们可以断言，朱长文心目中的园林乃以林木为主的。他除了"曳杖逍遥，陟高临深"之外，尚要有"种木灌园，寒耕暑耘"之劳。这样看起来，北宋年间朱长文的苏州园林，与洛阳的园林没有甚大之分别，是官员的退隐之所而已。很多地方，与洛阳司马光的独乐园有相同之处。

北宋时的文人中，苏轼是相当喜欢经营园林的，他曾在汴京营南园，可惜并未见其对该园有所记述。可是他曾写了一篇《灵壁张氏园亭记》，对当时园林的价值观，做了很简要而有趣的叙述。灵壁在汴水之上游，介乎汴京与江南之间，使此园的过渡性意味特别值得注意。他有一段文字说：

> 其外修竹森然以高，乔木蓊然以深。其中因汴之余浸以为陂池，取山之怪石以为岩阜。蒲苇莲芡有江湖之思，椅桐桧柏有山林之气，

奇花美草有京洛之态，华堂夏屋有吴蜀之巧。其深可以隐，其富可以养，果蔬可以饱邻里，鱼鳖笋茹可以馈四方之宾客。

这段文字并没有描写张氏园亭中的布置或景致，只是概略地、观念地描述其大要。此园在精神上仍然是北方园林，为退隐官员修身养性之所，宜居、宜养、宜游。然而这段文字中透出的有趣的消息，乃其综合性，其江湖之思，其山林之气，其京洛之态，其吴蜀之巧。我觉得这并非张氏园真正拥有的优点，而是苏轼对园林的评断标准。他的这些准则成为后世园林的圭臬。因此中国园林具有包容性的特色，更加具体化了。特别有趣的是，他指出吴、蜀之地，在园林上的特点是建筑的精巧。换言之，张氏园已经具有南方建筑的特点了。另一点值得我们注意的，是石山已逐渐取代京洛的土山，显见江南的影响已向北方延展。

下文中，将就资料所见，整理江南园林自南宋以来所发展出的特色。

一 园林面积有显著缩小的趋势

唐宋以前，我国之园林面积均甚广大。盖园林为贵族庄院之一部分也。即使在京邑之中，因坊里广阔，人口稀少，园林之面积仍甚可观，前文中曾加概述。如洛阳之"归仁园"，一坊皆园，长宽均超过一里，如今日之中央公园。即使是田园派的贫穷士人，园林的理想以陶渊明为准，亦有十亩之田、五亩之宅的规模。古代之面积，至今已不甚明确，但即使以学者们最保守的推测，每亩亦在一百坪上下（三百多平方米）。一般的估计是，汉唐以来的亩，应接近二百坪（六百多平方米）。如果这样计算，十亩之园、五亩之宅是相当不错的了。北宋司马光的独乐园被认为是很"卑小，不可与他园班"的，但其面积，据司马光自己的记载，是二十亩。

南宋以后，中产阶级兴起，江南地区的园林成为新兴阶级生活方式的一部分。园林逐渐缩小为庭园，为不可避免之事。虽然习惯上仍以园林称呼之，"林"之成分是很少的。江南地区的人口密集，土地狭小，主要城市如金陵、吴兴、杭州等人口，因宋室南渡而急剧增加。以临安为例，受地形之限制，都市人口居住问题严重，不得不向垂直发展。修建园林者虽为豪富之家，土地之取得亦必甚为困难。他们必须在有限的面积中创造园林天地，实际上是形成江南园林特色的重要限制因子。

小型的园林在文献中所见者不多，其重要原因，乃文人雅士所记述之园林，必具有一定之规模。

在南宋《吴兴园林记》中，小型之园林仍可见到。该文中所描述之园林有三十余，大多规模有限。百亩之园已经算是最豪华型，与洛阳名园不能相较。其中小园有"王氏园"。并未指出面积，但却说"规模虽小，然曲折可喜"。因规模小，故必须曲折，正是江南园林后来发展的途径。

到明代，江南对于小型园林已经能够完全掌握其特点，创造了独特的趣味。在王世贞的《游金陵诸园记》中，有多处描写可看出这一点。在小面积中经营园林，有下列几种手法：

其一为简单。 使用单一主题，创造文学上的趣味。这一个方向显然受到唐末以来花间派词家的影响，使庭园逐渐成为表现情趣的手段。如王世贞所述"熙台园"就是一个很好的例子。熙台园在杏花村口，"杏

· **网师园** 月到风来亭　今日所见之江南庭园最早者始自南宋，如沧浪亭，但历经沧桑，多经后世修改，今日所见为"文革"后修复之结果，所幸其结构大体如前。

· **留园** 水池东侧曲溪楼　江南园林之特色为组织紧凑，以建筑为主，组合堂、亭、廊与水面成为有趣之画面。

· **拙政园**　中部香洲、澄观楼及远景之小飞虹

· **狮子林**　湖心亭及曲桥划分中央水面

花村方幅一里内，小园据其什九。里奥旷异规，小大殊趣，皆可游也"。可知这一带到处都是小园，有不少小型园子。凡"小"者必然"奥"。这座熙台园，地不甚广，风景很难描写，只能以诗为证：

杏花村外酒旗斜，墙里春深处处花；

莫向碧云天末望，楼东一抹缀红霞。

看来这座园子不过是墙内老杏数株，花红如霞而已。

其二为缩小。虽然仍有山池花木之盛，亭台楼阁之美，但在比例上缩小，使其成为一种模型。缩小本来就是中国园林的观念。自古以来，宫廷园林都是模拟九州、四海的形式来造景的。仙山楼阁成为园林的主题，虽然大多出于想象，但自唐以来，是相当流行的，为一般文人所接受。文人以缩小尺寸的手法来建园者，最有名的例子是司马光的独乐园。《洛阳名园记》中描述独乐园说：

卑小不可与他园班。其曰读书堂者数十椽屋，浇花亭者益小，弄水种竹轩者尤小，曰见山台者高不过寻丈。

在今天看来，并不算很小，这是与当时园林规模比较而言的。司马温公的声望使独乐园名闻天下，对于园林规模"具体而微"的手法的推行，一定发挥了相当重大的作用。

这种缩小的手法，自南宋以来，运用应该非常广泛。但也可视其规模分为两类。一般说来我国园林一直延用缩小尺寸的办法来解决规模太小的问题，在清代留下来的古园中，可以感觉得出来，如台湾的板桥林家花园的假山洞及"月波水榭"都可感受到缩小型的意味。在《游金陵诸园记》中，记载一座"武氏园"，可说是小型园林的代表：

> 武氏园在南门小巷内。园有轩四敞，其阳为方池，平桥度之，可布十席。桥尽数丈许为台。有古树丛峰菁竹外护。池延袤不能数十尺，水碧不受尘。

在一个小巷子里，挖一个延袤数十尺的池子，盖个亭子在水边，建桥在水上，周边种些树木。这样的环境连结着雅致的居住建筑，也颇可退隐、修行了。这武氏园右边就是"堂序翼然"的精舍。

这样缩小的园林，再小，仍然是以"可游"为尺度的。可是后代亦发展出可看不可游的园子来，这就是日本人所喜爱的砂石园一类的东西。我国曾否有类似的石园，于咫尺之内象山川平洋，未见有任何记载，但盆栽之发展，实际上为一种缩小的园景，可说是缩小法在园林艺术上应用的极致了。南宋以来的禅宗思想流行，一粒砂里见世界的观念，使园景的艺术向案头艺术发展，恐怕是汉唐古人所无法了解的。

其三为曲折。面积太小的庭园，不免"一目了然"，缺乏幽深的感觉，及大自然变化之致。国人在环境趣味上，早已有"柳暗花明又一村"的悬奇式的需要，因此小型园林必须用一种手段达到深邃多变的目的。这就是小园大多曲折的原因。

要在很小的面积中有游之不尽的感兴，唯一的方法是用隔墙把园子分为若干部分，使对面不相见。这种方法运用得不好，很容易使人迷途，进入园林如同进入迷魂阵，悬奇之甚，就失掉园林艺术之特点了。

在文献中，这种迷阵的方法在中国园林中宋代以前就发明了。《洛阳名园记》中描述"董氏西园"有几句话：

> 池南有堂面高亭。堂虽不宏大，而屈曲甚邃。游者至此，往往相失。岂前世所谓迷楼者类也。

这里说的不是园子本身，而是园子中的建筑，然而在建筑上使用与园子上是没有什么分别的。它的意义只在求幽深感而已。用在园子上，就是唐人所说的"曲径通幽"。

到明代，曲折成为园林必然的手法，并没有特别强调的必要。只要看他们对园林动线的描述就知道了。《娄东园林志》中描述太仓"吴氏园"说：

> 吴氏园在州南稍西，太学云渺宅后读书处。地不能五亩。缘左方入，一楼当之。前为方沼，沟于楼下，栽通后池。水启西窦，出得岩岭，上下亭榭，山阴有堂，堂右层楼，（左）浸本池中，曲桥渡东汧，亭冠其阜，后植绿竹，以地限，不能有所骋目。

五亩大的小园子，上下左右，令人有如入迷阵之感。

王世贞《游金陵诸园记》中这类的记载更多了。他描述"锦衣东园"，极尽曲折，每一转折，必有一吸引人的景物，最后他说到其中的山：

> ……有华轩三楹，北向以承诸山。蹑石级而上，登顿委伏，纡余窈窕，上若蹑空，下若沉渊者，不知其几。亭轩以十数，皆

整丽明洁，向背得所，桥梁称之。所尤惊绝者，石洞凡三转，窈
冥沉深，不可窥测，虽盛昼亦张两角灯，导之乃成步。罅处煌煌，
仅若明星数点。……兹山周幅不过五十丈，而举足殆里许，乃知
维摩丈室容千世界不妄也。

他这座山，上有飞桥，下有山洞，无不曲折惊奇。点缀的亭轩、水池，
无不各如其分。据王世贞说，山洞胜过他所游过的真山洞，洞中尚有
水流。然而其地不过五十丈而已。这自然是迷阵的技术有以致之的。

王世贞写金陵之"许无射园"，园虽小，亦有曲折之致："入门曲
房宛折，至迷出入，转入庙（邻近之萧庙）后，地忽宏敞。……"他
的诗可以说明小园的曲折悬奇，实为后世文人所喜：

> 人间玉斧自仙才，隐洞深依古殿开；
> 宛转曲房何处入，直疑瑶馆秘天台。

二 园林中，石之地位突出

在李格非的《洛阳名园记》中，介绍了十五座园林，并没有提到
石之利用。这当然不表示洛阳没有奇石，事实上国人对石的爱好自汉
代就开始了，只是没有成为园林艺术中的主角而已。

洛阳时代的园林，承袭着六朝以前的风格，堆土为山，显然是常
规的做法。所以"十里九坂"是自汉代以来描写园林工程规模的形容词。
坂为坂筑之谓，是堆土为山的做法。这时候土为山之主体，石用以点缀。
这是大部分山岭的实况，所用之石，不但美观，亦为写实。所以宋代

· **留园** 冠云峰及冠云亭　　· **拙政园** 东部出口太湖石

以前"园林"之名与"山池"并用的例子很多，因园林乃指林木花草，山池乃指地形的起伏变化。挖土为池，其土即于池边堆为假山，是很自然而经济的作业方式。以石做适当的点缀，自然更有风致。

唐中叶李德裕的平泉庄，后世已经有自江南运石的说法，是否可靠，是值得研究的。但其园中有怪石，大约没有问题。宋代之《贾氏谈录》与《闻见录》均有记录，甚至已为怪石命名为"礼星"、"师子"等，至宋仍存。究竟这些石头是否后人所喜欢的形状，今且已无由得知。

自唐代柳宗元等人所爱好的奇石看来，应该是具有自然美的山脚与水边的块石，或石山浮出地面的突出部分，经风化而成为千变万化的形状。然而自唐人对石之喜爱，侧重于其象形而言，已经伏下了以后一千多年的中国石艺的发展信息。至宋以后，这种品味的改变，就与日本庭园分道扬镳了。

至北宋，奇石的爱好已完全成熟。太湖湖底盛产之奇石，广为文人所喜。名画家米芾，居然有醉酒时拜石的记载，为后世传为佳话。米芾为吴人，所拜之石必然是太湖石。他首次提出对石头判断的标准，为瘦、透、漏、秀等特色，强调其形之奇妙。宋代以来，中国文化趋于收敛，转向阴柔。对女性喜弱不禁风之美感，对石亦不再珍惜其朴实之量感，喜轻灵飘逸之趣，故安排园石多令直立。

石在园林之中，遂失去其与地景之关联，自"土石"中之顽石，一跃而为通灵的艺术品，与近代之雕刻相同。近人亨利·摩尔的作品，在造型与空间上与太湖石都非常相近。国人虽无艺术理论，却结合山川之想象与抽象造型于一体，创造出一种融合自然与人文的艺术观。

周密《癸辛杂识》中有一段文字最清楚地说明了"石"的艺术在园林中的发展与运用之道：

> 前世叠石为山，未见显著者。至宣和艮岳始兴大役，连舻辇致，不遗余力。其大峰特秀者，不特侯封，或赐金带，且各图为谱。然工人特出于吴兴，谓之山匠，或亦朱勔之遗风。盖吴兴北连洞庭，多产花石，而弁山所出，类亦奇秀。故四方之为山者，皆于此中取之。
>
> 浙右假山最大者，莫如卫清叔吴中之园。一山连亘二十亩，位置四十余亭，其大可知矣。然余平生所见秀拔有趣者，皆莫如俞子清侍郎家为奇绝。盖子清胸中自有丘壑，又善画，故能出心匠之巧。峰之大小凡百余，高者至二三丈，皆不事锢钉，而犀株玉树，森列旁午，俨如群玉之圃，奇奇怪怪，不可名状。……乃

· **留园** 叠黄石为池岸，间有水涧。

· **豫园** 水岸石景

于众峰之间，萦以曲涧、甃以五色小石，旁引清流，激石高下，使之有声淙淙然，下注大石潭，上荫巨竹……

在这里提出了叠石为山，需要有艺术家的修养，及其处理石"峰"之手法，如何与水流相配合。实际上，以今天的艺术流派看来，当时之石园很近乎日本之"枯石山水"，为一种环境艺术。所不同者，俞子清之石园，石间之石子为多色，有清流注于其间，此或为日本枯石山水之前身。

自南宋以来，见于记载者，石之用有四法。均可自周密的《吴兴园林记》中看到：

第一类为以石为独立造型看待者。

石之美者，既可使文人下拜，又可使徽宗皇帝封侯赐带，可知宋人对石之崇拜。此种美石既有如此之魔力，自然被视为拱璧。当时处理美石与庭园的关系，是将石置于廊子围绕的院落中，当作雕刻品看待。在若干宋画中，显示此种安排方式非常普遍，通常在石下建台，台有束腰等装饰，安排在非常重要的位置，与主人之户外活动如饮茶等设备相配合。

在宋代园景画中所见者，美石有因具有山形而横卧者，但仍以直立成峰者为多。故宋代后，园林中之美石概称为"峰"，以表示其高直挺拔。《吴兴园林记》中之第一园，为"南沈尚书园"，其中"堂前凿大池几十亩，中有小山，谓之蓬莱池。南竖太湖三大石，各高数丈，秀阔奇峭，有名于时"。这几块石头，被人称为"石妖"，因为后来每有人想得到，必然遭祸。因要搬运，需要数百工人，且必然因此损人性命。足证当时爱石已成灾难的情形。

这三大石列于池前的象征，到了明朝就非常普遍地代表山水，进

宿雨清畿甸
朝陽麗帝城
豐年人樂業
隴上踏歌行

· **山峰（局部）宋 夏珪** 直立山峰在北宋绘画中已甚常见，经夏珪之一峰直立以近景写之，影响园林中石艺应最为显著。立石为峰系江南园林之一大特色。

· **缂丝山水图案** 明　山之
形图案化，因"寿比南山"
而成为工艺品之常用主题。

而代表宇宙。明代以后官方礼服图案，多以海中三山为下摆。此种母
题可见于一切器物与织物。晚明至清初的彩瓷中，山概以直峰表示之。
这意味着园林山石的造型，对于国人宇宙影像的形成，有相当深远的
影响。蓬莱仙山的传说，终于通过园林的塑造而定型，而直立的石峰
就是仙山，就是宇宙的缩影。

　　到明代以后，此一传统更大为发扬。王世贞写《游金陵诸园记》
第二园名"西园"者，有"二古石，一曰紫烟，最高，垂三仞，色苍白，
乔太宰识为平泉甲品。一曰鸡冠，宋梅挚与诸贤刻诗，当其时已赏贵之。
有建康留守马光祖铭左曰'坚秀'"。可见宋代已有为石命名，并刻诗
题字的故事，不用说明代了。庭园中的古石与后日案头、几上的石艺，

在基本上是没有分别的。遇有佳石，则附会为古物。

第二类为以奇石组为环境者。

如果有众多美石而组为园林，必须既能显出个别之美，又能组成整体之美。因此叠石者之匠心必须大有丘壑才成。前引周密所述俞子清之园，被认为"假山之奇甲于天下"，可知此类乃属于园林石艺中之最上乘者。

南宋时有一位宰相姓叶，号石林，乃因其园称为石林精舍之故。石林，显然即很多佳石所构成之景致，可惜没有详细描述的文字，景致如何不得而知。想来大抵是属于唐代柳宗元所描写的一类，即怪石自然罗列的情形。我国的自然界偶有这样的山水，其著者比如桂林的山水，群峰竞秀，水川流其间，形成富于变化又具有统一感的空间与造型，可以作为群峰组合的最佳范例。相信中国名山之中同类景致必甚丰富。

事实上，以怪石安排为山水的记载，在六朝之江南已经出现。南齐竟陵王子良开拓了一座元圃园，"多聚异石，妙极山水"，似乎就是以奇石组为山水之景的设计。相传为唐代李昭道所绘之《明皇幸蜀图》中，群山的形象，如同一组直立的怪石。这幅画的真确年代至今尚不知道，但是可以推断唐代也有将怪石作为山水景观的传统。

我国庭园用石，与绘画中的发展相当，至少自宋代开始。北宋时李成专善画美木，范宽喜画巨石，当时的木与石，均可为园林中之主角。范氏一峰居中的画法亦即开园林艺术中石峰当前的造景。迨郭熙出，画群山交结，如相呼应。郭画中，丘与壑间，有无法分辨之关系，亦即空间与实体交融不分，实为艺术中伟大之创造。

郭熙为北宋末年的画院侍诏，必然亲自享受到徽宗艮岳中的石景。

他的画恐怕不尽全出于想象，也许是自园中石林造型的灵感而来。他的画风到明中叶以后，发展为怪石式的山水画，如陆治等人的作品。而其时代恰巧是江南园林得到最快速发展的时代，是不能视为一种巧合的。

第三类为以石叠为山者。

这是江南时代最普遍的一种用法，也是对园林特色最具有决定性的手法。我们说北宋以前用土为山，并不表示那时的古人不喜欢美石，而是特别指山而言，堆山为创造地形变化必要的手段。山在自然界所见，为两种材料所组成，即土与石。一般说来，山之高大巍峨者，多露石骨，予人以屹立万古的气概。山之低矮近平原者，仅偶尔见石，其体以土为主，覆以葱绿之草木。在园林艺术中造山，因其山不可能与真山之规模相比，当然以土山较为自然。汉晋以来以土为山的传统，也可以说是模拟自然的一种手法。至北宋洛阳仍然如此，故明代王世贞认为《洛阳名园记》中不记叠石，是很大的缺憾。

以石叠山，最不易得到自然之致，以园中数亩之地，仿华山千里，如何可得？这是一种园林观念的改变。以丈石象万仞，是自上林苑以来模拟自然发展至极端，缩小为模型的做法。其矫揉做作之态，即使当时人亦有所知，故明人顾璘建"息园"为记时说，"予尝曰：叠山郁柳，负物性而损天趣，故绝意不为"。他只要在小小的园中"取纤经，莳芳卉美草，期四时可娱"，就很满意了。叠石为山，是"负物性而损天趣"的，顾氏可说一语道破。

在我所接触的文献中，南宋时期，虽因近太湖，对美石的欣赏渐渐成为风尚，独立奇石与群组奇石渐有记载，然都未见有以奇石叠山的记录。周密之《吴兴园林记》中所记三十四座园中，提及石或假山

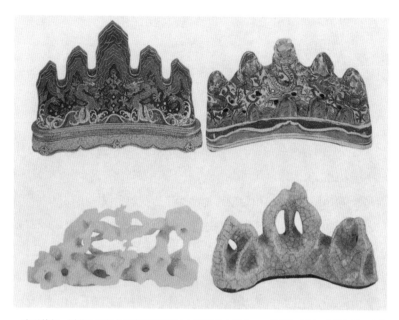

· **山形笔架** 对称之山形为明末瓷器装饰上最通用之主题之一。笔架取山形，尤其自然而富有象征性。

者不过七座，只占五分之一，可见用石在当时尚不流行。而七座中有三座，包括叶氏石林在内，乃在城外，显然为利用自然石景。所剩四座，二为"湖石三峰"，二为"假山"，假山之一即前提之俞子清侍郎园，实为多峰组合之园。可见当时之"假山"不一定表示叠石为山之山。

然而元代之后的江南，几乎没有一座园子没有叠石的，蔚为风尚之后，无石不雅。造园遂成为叠石之术。

所以上文屡次提及的《游金陵诸园记》中，有三十六园，至少有一半提及叠石。王世贞此文乃追记性质，所以对园之描述有详略之别，凡记述详实者概有石山之描写，未提及石山者，均为略记地点、特点者。因此未提及石者，只是石山并非其视觉焦点而已。到了明末，连造园

树铺黄画溪
闲凉梢园仙
唐宴上斈不
蒋柏松园藓
俶孝山早见
氩此黉
己印春月
尚起

· **早春图** 宋 郭熙 巨石的形状与远山的形状完全合一，山石不分，影响园林艺术甚大。
而山石之形轻量化，怪异化，渐自写实进入造景，促成园林中山石之交融，以石代山之情形。
此画极可能受园林山石之影响，郭熙应游过艮岳。

家自己都感到失真，所以《园冶》的作者计成，对千方百计谋得湖石不表赞成，而李渔则认为以土代石，可以减少人工，便于种树，"混假山于真山之中"。可见当时叠石之浮滥。过分使用叠石的例子，可在今天苏州园林中看到。

在叠石为山的一类中，与绘画之发展亦甚相关。宋代以后，山水画描写山石质感的皴法，逐渐一致化，亦即画家在表现远山时的方法，与近前的石块并无二致。尤其是传以董源、巨然为主流的画派，到元四大家已确立其地位。画山如画石，整个的说起来，使中国的文人更容易接受园林中叠石为山的观念。这个大传统，使中国的绘画与园林均远离自然的路线，而呈现出强烈的人文色彩。

因此山水画至元代以后，实际上就是一种图面上的叠石游戏。所不同者，在绘画中，此种抽象手法呈现一种超乎自然的高贵感，而叠石为山则因过于"形而下"，不免予人以"画虎不成反类犬"之感。苏州的"狮子林"虽以大量湖石为名，但也是最有堆积之弊的，湖石并非叠山之理想材料。

在叠石法中，比较容易成功者，为较低矮之假山，尤其是水岸或与水岸相连接处。自日本庭园之石法看来，唐代以前的园林用石，可能大多与水相依，故常泉石并称，或唐人因泉叠石之谓。因水岸之模拟较易接近自然，用石亦不必过大，如使用恰当，胸有丘壑，则可逼真而成雅趣。在明代山水画中，沈周、文徵明等之作品不乏水岸近景之作，对于后期园林或有其影响。可惜我国后期样样好奇爱巧，在这方面未经充分发展。

第四类是叠石为洞穴。

自古以来，国人造园，于山池之中，喜造岩穴。此于汉代、六朝

· **具区林屋图轴（局部）** 元　王蒙　细看王蒙此一作品，可看到山谷处之巨石，均具有透、漏、瘦之特点。如无建筑点景，几可误为园石。此为园林与绘画互相影响之一例。

· **易安像** 清 罗聘 巨石形与枯木无异，有气泡化之倾向。此图可反映后期中国园林对石的看法。

· **玩菊图** 明 陈洪绶 奇木之形与较坚实之石台相对比，但园林传统中，木与石有相交替之情形，均尚轻尚古。

文献中数见不鲜。说明最清楚的还是《洛阳伽蓝记》中司农张伦宅的园子："重岩复岭，嶔崟相属，深溪洞壑，逦迤连接。"当时之山以土山为主，然而"深溪"、"洞壑"等奇景，没有石是做不出来的。

为什么国人这样喜欢洞穴呢？第一是奇，因洞壑在山水之中，有神秘感，可引人入胜，制造悬疑。第二是隐，因洞穴为可栖息之所，想象中，隐者当可居住其中。隐与仙相类，可以引发甚多想象。故后期园林之洞穴中，或置家具，可供起坐。

虽然如此，洞穴在南宋之园林中，已见洞天等字眼，似尚不普遍，到明代才真正盛行起来。这与石之泛滥地使用有直接关系的。如苏州狮子林那样的大量使用湖石，叠石为山之余，可以很容易造成岩穴。由于太湖石多孔，形状富于变化，堆叠容易，架空亦不难，可轻易叠成供人穿过之拱形，制造洞穴又可以象钟乳。对于熟练的工人来说，也是很难拒绝的诱惑。

洞之用也有数种。最普通者为洞门。洞门以石砌成，供客人进园时，得"别有洞天"之趣。所以古人建园，喜以洞天为名，或设洞天之景。特别是以叠石为入门之屏障时，此种情形最易形成。

其次为供游客穿越，以得曲折变化之趣的洞穴。上文中所引明金陵名园之一"锦衣东园"中的石法，即令游客生"登顿委伏，纡余窈窕，上若蹑空，下若沉渊"之感。为什么要委、要伏？就是因为有很多洞穴穿越。"蹑空"就是过桥，下为沟壑，走到壑间，就有深渊之感。"窈窕"，走不尽之感也。这是说明园中之石山，七上八下，出明入暗。

在同书"徐锦衣家园"中，亦有山洞。"曲洞二，蜿蜒而幽深，益东则山尽而水亭三楹出焉。"这里的文字很清楚地说明了石洞之过渡性质，用以创造空间变化，故洞要曲。山尽而见水亭，乃有豁然开朗之感，是《桃花源记》的意味的呈现。故过程必须"蜿蜒而幽深",以加强"豁然"的效果。

这种手法极易流于庸俗,近世的园林中,如台北板桥林家花园,所用曲洞,与"登顿委伏"的造型,都是这一传统的末流。其风格已近乎儿戏矣。

最后一种手法为石室。在明代文献中,时见"亭下有洞"的描写,或"洞壑"、"亭榭"并列的文字。这说明了石洞室与建筑间一般的组合关系。亭、榭为明亮的建筑,洞穴为幽暗的空间,这种明暗对照的手法或为明代早期园林中所喜用者。

在《娄东园林志》中,"东园"一项里有"累石穴,上置屋如谯楼"的记载。于"学山"一项内,居然有"屋内累湖石作岩洞"的记载。这些都说明了石室与隐逸思想的密切关联。在现有的苏州园林中,其历史可上溯至明代的狮子林、环秀山庄等,均有石穴存在,亦有类似钟乳等设计。

此种手法更易流于庸俗,香港与新加坡之虎豹公园,台湾佛光寺地穴之展示等,大多为园林岩穴之持续及堕落的结果。故堪为中国园林中最大的败笔。

三 水池成为园林之重心

前文中提到,我国古代文献中,园林与山池是同义语,乃以不同之主题表现之而已。"园林"一语,显示以花木禽兽为主,用现代的话说,乃以软体称之。"山池"一语,乃以地形变化为主,用现代的话说,以表示园之硬体。然而无可讳言的,山池因怪石之用,清流之辟,逐渐可以具有独立的观赏价值，与奇花佳木、珍禽异兽分庭抗礼。到了后代简直就取而代之了。明代以后，"园林"实在只是取其古雅，而虚有其名了。

这样的发展，自然因为文人对水石的兴趣日渐提高，亦因为花木禽兽之属，有栽培、畜养之困难，非一般文人所可负担。松竹之类，虽无栽植之苦，却必须先其园而存在，并不是指日可得的。唐代以来虽有移木的技术，然而可以推想，绝非普通人办得到的，而花开花谢，因岁月之变迁而景致迥异；山池为静态的背景，可以供久赏也。这种情形与奇石的案上清供，其存在的意义是类似的。

然而另外一个重要因素就是规模。山池本来就是园林中的一部分，可能是园林中比较精彩的一部分。后来规模缩小，自然选择其中精彩的部分保留之。换句话说，水池在园林中地位的改变实在是园林空间组织的大变革。

水为园林之命脉是无可置疑的。所以洛阳园林在宋代的兴衰，《闻见前录》中有这样一段记载：

> 洛城之南东午桥，距长夏门五里，……自唐以来为游观之地。……洛水一支自后载门入城，分诣诸园，复合一渠。……伊水一支正北入城，又一支东南入城，皆北行分诸园，复合一渠。由长夏门以东以北玉罗门者，皆入于漕河，所以洛中公卿庶士，园宅多有水竹花木之胜。元丰初开清汴，禁伊、洛水入城，诸园为废，花木皆枯死，故都形势遂减。四年，文潞公留守，以漕河故道湮塞，复引伊洛水入城，入漕河至偃师，与伊、洛汇，以通漕运。……自是由洛舟行河至京师，公私便之，洛城园圃复盛。

但是在园林中，水之用或为种植花木，或引为清流，并不一定有池。洛阳时代用水显然是两者并重的。洛阳之园以植花木为主，故当时"园圃"并称。因用水灌园之便，引为清流，活泼园景，或为十分自然的发展。可是宋代洛阳之园中大多有池，应该是没有问题的。《洛阳名园记》中之记载，仅约三分之一提到池，这并不表示三分之二的园中无池。该文题为"名园"记，未用"园林"二字，文内提到园而用两字时，时用"宅园"，时用"园池"，时用"园圃"，以"园池"二字使用最多，并影响了后世的著作。可知园中有池为当时之通例，似乎是作者以为不必多说而忽略了的。

《洛阳名园记》中述及司马光的"独乐园"时，并没有提到池，但在司马光自撰之《独乐园记》中，则说明了有"沼"，沼中且有岛，可知是有池的。以此类推，可证明园池普遍相连的看法，是不虚妄的。

虽然如此，池之重要性在洛阳时代显然尚不居于中心的地位。洛阳最有名的"富郑公园"中，"流"是有的，没有提到池，此虽不足以说明该园中无池，却可说明即使有池，亦不占有主要的位置，故为该文作者所有意地忽略。

一般说来，洛阳园林，根据文献研究的初步结论，其园景为碎锦式组合。亦即一园之内，有具特色的景观多处，加以适当之拼凑，游园者乃穿过这些景观，逐个欣赏，各景之间没有明显的关系。水池成为诸景之一，与花圃之景、古木之景、苍林之景、竹丛之景是相并列的。因此早期的园林，因规模较大，并没有一个艺术上统一的手段。

在园子中做一个大水池，把各个景色统一起来，可以说是江南园林最重要的贡献，虽然亦为规模较小所必要采取的步骤。以水池做中心的艺术性，早在洛阳时代就知道了，所以李氏盛赞当时之"湖园"说：

> 洛人云园圃之胜不能相兼者六，务宏大者少幽邃，人力胜者少苍古，多水泉者难眺望，兼此六者，惟湖园而已。

该文对湖园的描写，实即中央一个大湖，一切景物环绕此水面的设计。

大体上说，在明代的文献中，对园林的描写，开始明显的看出园之空间组合，为自入园处之小景，辗转进入豁然开朗的池面之大景。然后池之四周，以不同之岸边关系，与园景相结合，或有支水深入腹地，创造不同之景观。如《游金陵诸园记》中的"徐九宅园"：

> 徐九宅园，厅事南向甚壮，前有台，峰石皆锦川、武康，牡丹十余种被焉。右启一门，厅事更壮而加丽。前为广庭，庭南朱栏映带，颛一池。池三隅皆奇石，中亦有峰峦。松栝桃梅之属，亭馆洞壑，萦错左右，画楼相对，而右尤崇。

文中的第一句话为宅子与园间的过渡，有厅堂，堂前有石景，配衬着牡丹。是花鸟画中的小景布局，为园之前奏。第二句，启门即进入园中。园里也有厅堂，装饰更为富丽，这里显然是主人经常居住及待客的地方，所以前面有广庭，庭南有栏杆。而自栏杆处俯视为一水面，到这里才是园之中心。水池一面临广庭，大概是很平整的，其他三面，为了观赏，都用奇石砌成。为防一目了然之弊，中央砌了石岛，象峰峦。最后才叙述水池的两边有各种花木，又有亭馆洞壑等造景。"萦错"二字，描写其错落有致，弯曲旋回之布置。两边的造景各有画楼，隔池相对，暗示此池之规模并不是宽阔为目所不能及者。短短的几句话，相当生动地描述了整座园子的概况，如在我们的眼前。

· **留园　西北角走廊**

又如同文中的"市隐园"：

> 入堂后一轩虽小颇整洁，庭背奇树古木称是。转而东，一
> 轩颇敞。……出门穿委巷，百余步始得园。叩北扉而入茅亭，
> 南向。其左小山，以竹藩之，前为大池，纵横可七八亩。其右
> 有平桥，桥尽得平屋五楹，所谓中林堂是也。池前亭台桥馆之
> 属略具。

这座园子规模略大一些，但在空间的顺序上与"徐九宅园"相类。
先有宅，宅有轩，轩庭有奇树古木，已可为园之前奏。但要入园，仍
要经过一段弯曲小巷，自此门进入园中。后面很明白地表示，茅亭之

· **留园** 佳晴喜雨快雷之亭内部   · **留园** 鹤所东望

· **留园** 侧望华步小筑   · **留园** 华步小筑

· **廊** 为江南庭园之灵魂,它连结各部分,并划空间为数区,创造曲折变化,小中见大之趣味。沿廊设有小景,隽永可喜。

· 西园一景

· 留园一景

· 西园一景

· **墙**　为江南庭园创造空间悬奇感的主要工具，比廊更具划分功能。月门强化了开口的意象，容易引人入胜。

前即为大池，亭台桥馆均在眼前，其错综之形貌，就不再多说了。

在同时期的《娄东园林志》中所举第一座园子为"田氏园"，也可为例：

> 田氏园，故镇海田千户筑。去太仓卫左，穿一巷而东百步，得隙地，累土石为丘，高寻丈余，广袤十之，太湖石数峰，亭馆桥洞毕具。大树十余章，一望美荫。池岸环垂柳木，水亦渺弥。

这段文字的描写方法，不像上引两文之以游园时序表现，所以比较不容易掌握其空间组织，似乎是移土为丘而成池，丘甚宽广，上面建了亭馆，放了太湖美石，"桥洞毕具"，好像表示地形与建筑间的变化。丘上都有大树，形成美荫。自丘向下看，渺弥的水面，四周环以垂柳。其实在空间上，与上引两园并没有根本的差异，只是观赏点的不同而已。

比较有趣的是同文中介绍一座小型园子，名"季氏园"者，已可看出今日苏州一带园林之特色。

> 季氏园……枕濠水，有轩一、楼一，皆不甚宽广。中大池，若方镜。中央构亭桥通之。轩四隅及右方一台，皆周艺牡丹，侧柏一株尤奇。

这座园子，规模很小，中为大池，其旁有轩、楼、台等，池中有亭，以桥相通。景物不多，建筑物也很少，其趣味的中心全在池上，是很典型的后期小园的构成。

四 园林成为文人生活之要件

明代之后，园林为江南文人之生活环境，园林逐渐自官僚文人手中发展为商贾文人之居处，因而日渐普及。其用途则反映文人日常生活之需要，不再是生活之点缀。回顾唐宋时代高官大吏的园林，如唐之裴园、宋之独乐园，其主人居官于朝廷，何尝有多少机会享受自己的园林，主人反而不如家人使用频繁。江南园林虽亦不无类似的情形，然而文人家居园林已普遍化，使园林之内容不再为观光之所，或短期流连时发出世之想的地方。结合文人的生活于园林之中，是自宋代开始，元代成熟，明代普及的。

北宋时朱长文在苏州建"乐圃"。他又以"乐圃"自号，即有甘为

· **留园地面图案** 江南园林富装饰、民俗意味，地面亦多用图案铺砌。

老农的意思。《乐圃记》中说，这座园子原是经营了奉养老父亲的，后来就是自己退休营居之处了。对于其中的建筑，他说：

> 圃中有堂三楹，堂旁有庑，所以宅亲党也。堂之南又为堂三楹，命之曰邃经，所以讲论六艺也。邃经之东又有米廪，所以容岁储也。有鹤室，所以畜鹤也。有蒙斋，所以教童蒙也。

这一段说明这个园子实际上具有家族生活的功能，连工作的场所（教童蒙）也有了。当然，既称为园，其功能并不止于此，所以后文中又提到，园中"有琴台，台之西隅有咏斋"，是他抚琴、赋诗之处。园中亦有水流，汇而为池，"池上有亭田墨池"，集百家妙迹于此，闲来可以展玩。池边又有"一亭曰笔溪，其清可以濯笔，溪旁有钓渚，其静可以垂纶"。这些都是供文人游赏的设备。

在野文人生活也有造作之处，但是其表现的方法，与官僚文人之崇尚于馆阁亭台是大有不同的。另园中大部分的土地，尚为农耕所用，所以文人感到"种木灌园，寒耕暑耘，虽三事之位，万钟之禄，不足以易吾乐也"。

由于功能上的改变，建筑的形式开始以便于日常生活的"堂"为主，其余"室"与"斋"等都是次要的实用的建筑。堂又以"三楹"为多，是与一般民居建筑无异的。

"堂"在我国古代原是殿堂、正堂之意，是建筑群中带有仪典性的主要建筑，所以它兼有居住与仪典两种意义。汉代民间的堂，自文献的描述与遗物所见，均为三间，面庭，前开敞无门窗，后有室，就反映了这种双重功能。

"堂"上可为明堂，下可为士大夫之家居之堂，亦可以明志。自古以来，读书人就盛赞尧的堂"茅茨土阶"，统治者能自奉俭朴，为后人立为典范。曹操曾建茅茨堂以邀群臣的谀辞。这种建造俭朴的居住环境，以修身养性，并与风月为伍的观念，自六朝以来，就成为中国读书人的理想境界。

在这个传统中，白居易的庐山草堂是后人心目中的典范，诗、画中时有所见，他的《草堂记》是这样写的：

> （草堂）三间两柱，二室四牖，广袤丰杀，一称心力。洞北户，来阴风，防徂暑也。敞南甍，纳阳日，虞祁寒也。木斫而已，不加丹，墙圬而已，不加白。砌阶用石，幂窗用纸，竹帘纻帏，率称是焉。堂中设木榻四，素屏二，漆琴一张，儒、道、佛书各数卷……

这段文字不但清楚地说明了草堂的建筑格局，并指出冬暖夏凉的特点。不事雕凿可以，但不能不考虑居住的舒适。这种知识分子的功能观是后世园林建筑的思想主流，到明代就被发扬光大，成为《园冶》、《一家言》等著作中的精神骨干了。我在《明清建筑二论》中曾加申论，在此不赘。

念书人的起居中，除了床榻之属外，就是琴棋书画。白居易的草堂有一具琴，有数卷书相伴，这足供他消磨时间了，后世的文人都以此为榜样。与白居易的草堂在文意上最接近的无过于北宋欧阳修的《非非堂记》：

> 予居洛之明年，既新厅事，有文纪于壁，又营其西偏作堂，户北向，植丛竹，辟其户于南，纳日月之光，设一几一榻，架书

数百卷，朝夕居其中。以其静也，闭目澄心，览今照古，思虑无所不至焉。

欧阳修是做大官的人，他不会建造寒酸的草堂，但在精神上是一致的，他的堂面北，所以要在南壁上开窗，与白居易的草堂异曲同工。他的藏书要丰富得多了，读书、静坐、思考，是此堂主要的功能。

在读书明志之外，士人的堂自然也有集友的功能。唐代的裴度造园，就专门用来与白居易、刘禹锡"为文章把酒，穷昼夜相欢"，这种文会的传统一直为士人所延续，视为风雅。苏辙有一篇《王氏清虚堂记》是最好的说明：

> 王君定国为堂于其居室之西，前有山石，环奇琬淡之观，后有竹林，阴森冰雪之植，中置图史百物，名之曰清虚。日与其游，贤士大夫相从于其间，啸歌吟咏，举酒相属，油然不知日之既夕。凡游于其堂者，萧然如入山林高僧之居，而忘其京都尘土之乡也。

这段文字不但说明读书人在一起的活动，是建堂的主要目的之一，而且说明了这个"堂"实具备了园林的性质。堂之成为江南园林中不可缺少的要素，取馆、阁而代之，可自此看出端倪来了。

到了南宋，朱熹就把堂与园完全弄成一体。他在一篇《归乐堂记》中为其同僚朱彦实的"归乐堂"述其志趣，"盖四方之志倦矣，将托于是而自休焉"，然后描述说：

> 登斯堂而览其胜概，其林壑之美，泉石之饶，足以供徒倚；

馆宇之邃，启处之适，足以宁燕休；图史之富足以娱心目；而幽
人逸士往来于东阡北陌者，足以析名理而商古今。

这就是把堂的意义扩大为退休自养的园林。园中的林壑、泉石、馆
宇等等都是为堂而存在的，堂则因图史之富与幽人、逸士而存在。
朱熹所活跃的南宋时代已经把堂的观念与园林相交融，堂之成为园
林之主要建筑的意义已经更加显现出来了。

　　堂为文人之用，除了生活起居之外，仍有纪念之意义，最通常的
用途为文墨刻石之收藏，类似今日之博物馆。文人集古代字迹，珍爱
之余，觉其不易保存，遂刻之于石，以垂永久，并利于拓印，此为明
代以后刻石拓印本流行之故。这类刻石均建堂以储之。这种传统自宋
代就开始了，所以黄庭坚有《大雅堂记》，叙述丹积杨素翁建堂以麻其
所书杜甫《两川夔峡诸诗》的刻石的经过。苏轼亦有《张君墨宝堂记》，
这墨宝堂就是因为"毗陵张君希元，家世好书，所蓄古今人遗迹至多，
尽刻诸石宝而藏之……"的堂。

五　江南园林的世俗化

　　江南在我国历史的后期，自南宋至明清，为中国文化中的主角，
不论在经济上、文化上、政治上均占有最重要的地位。文学、艺术、
生活上必需的工艺，甚至衣食等精致文化，均粹于此。园林在此得到
充分发展乃为必然。

　　明代中叶以后，江南一带发展到达高潮，乃为我国文化熟极而烂
的时代。隆庆、万历的数十年间，以我个人所接触的资料，实为今日

· 沧浪亭拓本

· 狮子林（局部） 元 黄公望 文人对园林之诠释，与实境大有出入。

我国俗文化的滥觞。以瓷器而言，万历间发展为绚丽的五彩，然而量大而粗制滥造，宜远观而不经细看，中国文化细致严整的一面渐渐消失，代之而起的是大众化的标准与趣味。以宣德的壮丽，成化的婉柔，很难想象百年之后，万历沦为如此村俗的境地。

我国今天的民间所流行的风水，大多为万历时定型的，其出版物亦多刻于万历。在民间的建设活动中，风水是很重要的工具，其发源甚早，然而人手一册，并予以口诀化，当盛行于万历间。

文人之生活亦自清高的理想主义者的隐逸精神，经明中叶以来江南文人以物欲为风流而发展出的才子心态所取代。文艺不再是严肃的事业，而成为文人生活中的游戏。声色之追逐，甚至遁迹青楼之间，此时反而为一种清高的表现，引为美谈。富裕生活下的世纪末风，在江南显现得非常突出。即使没有清人入关，文化也要经历巨变了。

明末的文人中流行一种犬儒的生活观，也许与其政治的腐败有甚大的关联。仕进无门，朝政紊乱，而考试制度扼杀读书人的志气，使有志的文人走放浪形骸、惊世骇俗的路线，以满足自己，是很可以了解的。今日海内外所藏淫书，有不忍卒读者，均著述于万历年间，可以作为证物。

明代江南的园林留到今天的已经没有了。今天所见的名园虽来自明代，但多经改建，建筑已为清末期物，其形貌不是完全反映明代的真象，但在精神上，大体可以揣摩。其大众化、生活化、世俗化的趋向是十分明白的。直到明代灭亡的前夕，乃出现了中国园林设计的重要著作，把几近五百年来在江南所发展出来的园林艺术予以理论化，手册化。这些著作一方面保留了江南园林艺术的精神，推广了江南园林的技法，同时也以批判的精神，提出独到的见解，成为全国性造园的典范。江南在文学与艺术上已经执全中国之牛耳了。此时在园林上，亦高居领导的地位。明清以来，以江南园林代表中国园林实不为过。

· 寄园写景　显示江南园林之特点

第六章

《园冶》：园林理论之产生

中国的园林，在江南发展了五百年，到了明末清初，已经是尽头了。然而历史在演变中，在动乱的大时代里，中国的艺术也酝酿着巨变。园林在转变中的艺术氛围里，亦有改弦更张的趋势。而这一个时代的代表人物就是计成，他所著的《园冶》，乃我国园林的唯一经典。到今天，大家都以为《园冶》代表了中国人古典的园林思想。其实不然。与中国绘画等艺术一样，我国古代的艺术在表面上是一体的，其时代的特征却十分明确。《园冶》只能代表明末清初的园林观。

江南的经济发展到明末，社会已经产生了质变，那就是初期资本主义的形态的出现。万历之后，商人的地位日益提高，阶级的观念日益淡薄，已经出现传统社会秩序无法想象的行为。江南一带，原是以农产甲于全国，而成为中国文化的重心，但是农业的发达带来的富庶，促成了工业的发展，如纺织业等。明代中叶，江南已经是全国手工业的中心。隆、万之后，为了江南高品质生活之需要，各种手工艺的专业化都出现了。鞋子、袜子、家具、杂器，无不可为专职，以细巧相尚。工业的发达推动了商业的茁长，中国型的消费文化于焉开始。

这种现象使保守的文人大为恐慌，他们觉得这种"市浮于农，文胜于质"的情形是很可怕的。当时社会，商人地位提高，行会组织盛行，以卫护自己的利益，渐有取代官府势力，形成地下权力的趋势。而今天所谓社会浮奢之风，已大为流行，农村的淳朴生活逐渐消失，争奇斗艳、喜新厌旧的消费，休闲的生活形态已具雏形。

明末的民间衣饰亦大大改变。专制政权稳固的时候，对色彩的象征规定很严苛，所以明代自洪武即订定规范，严厉执行。但到乱世，民不遵守，官亦不追究，法遂松弛。在江南，由于财力雄厚，一旦弃官制如敝屣，则情势大乱，男女衣着五花八门，日见创新，时髦盛行，使老夫子大为骇异了。李乐在其《见闻杂记》中有一句话说："昨日到城市,归来泪满襟;遍身女衣者,尽是读书人。"连读书人也喜欢穿"丝绸绤纱湘罗,色染大类妇人",难怪天下要大乱。在老夫子们的眼中,这都是乱象。

这时候也有新经济生活的支持者出现,认为消费经济是富庶生活所必要的。富人不奢,贫人何以为生?大家不乱花钱,小户如何沾到好处,如何促进服务业的发展,手工业的成长?简直与今天学者的论调一样,所以:

> 要之,先富而后奢,先贫而后俭。奢俭之风,起于俗之贫富,虽圣王复起,欲禁吴起之奢,难矣!

这里说得很明白,圣王以俭为德,不过因为当年贫穷而已。在这样奢侈的消费文化中,艺术的发展要如何呢?艺术是不是应该与消费文化同其步调,为糜烂的生活做装点呢?

不然。经济发展带来富裕,而又尚未进入消费文化之时,才是生活与艺术最平衡的境界。欧洲的文艺复兴大体是如此,法国18、19世纪大体也是如此,如果看明代,则文徵明、唐寅等人生存的弘治、正德年间的江南,也可以说是如此。这个时代,市民经济开始抬头,然而富庶的生活尚止于中产阶层,其财富所带来的生活趣味可以与传统上属于上层社会的知识分子的价值观相辅相成。这时候,俗化是普及化的同义语,在艺术的品味上有大众化的趋势,却尚不涉庸俗。艺术并不为商业服务,而是财富助长了艺术的普及而已。当然,我们也要承认,艺术在普及的过程中,为适应新兴阶级的需要,在表达的内容上也有俗化的倾向。这时候，两者的利益基本上是一致的。

待经济进一步发展，正式进入消费时代，奢侈之风与经济生活相结合，渐成为一种生活方式，艺术与生活乃再度分离。这个时代，财富之累积已非传统社会中上流阶层人士之所能，而多出乎商人之手，因此有大量所谓暴发户产生。同时，财富渐渐普及于一般大众，市井小民均有力改善生活品质，负担基本生活需要以外之花费，所谓艺术者渐成为一般消费品，必须受市场需要之约制；而需要者则为传统社会中之下等人，消费社会中之新贵。艺术之进一步俗化、物质主义化，为不可避免之事。欧洲一次大战之前是这种情形；董其昌等人生存的明万历、天启年间的江南亦是如此。这时候的江南，据文献所载，"虽奴隶快甲之家，均用细器（细木家具）"，可知生活品质普及之程度。

艺术在这种情形下必然有分离运动，以保持其高品味的特质。一部分追随流俗之风尚，向大众化、装饰化之路线前进，并迅速与生活实用器物相结合；另一部分则反弹而为观念性的发展，脱离现实，追求个人的理想与个性之表现。在欧洲，18世纪的末期，建筑界曾有如此的反叛行动，以表示对糜烂的洛可可享乐主义潮流的唾弃。同样的，在19与20世纪之交，欧洲的艺术界为工业化带来的通俗艺术的风潮所激，产生现代艺术的前身，印象主义及其以后的反叛性发展，并经由野兽派进入观念艺术的大潮流。

在明末，文徵明、唐寅等的唯美的、正统的艺术渐与俗世会流，观念的艺术，超然于世外的作风势必抬头。董其昌是这一时代的领袖，他先创造了文人画的理论，假借古人之说，建立一套观念体系。在理论上，他在建立正统，自为承绪；事实上，他肯定了绘画屈服于更抽象的书法，更不可捉摸的文人气质，使之远离写实路线及正统派的公式化作品，而开启了明末清初的个人表现主义的大时代。

　　不但在正统的艺术方面是如此，与手工艺相关的瓷器的装饰亦有相当显著的改变。明代瓷器的装饰，在青花方面，以明初延续元代工整细密遍装的画风为主流。在五彩方面，则自嘉靖到万历，走向草率、热闹的遍体装。进入天启与崇祯的末叶，装饰的风格大变。除了少数例外，如近年发掘的青花墓葬品仍为遍装之外，不论五彩或青花，均进入清淡的时代。尤其是青花大量的白底，以简笔做少量装饰成为当时的潮流。笔墨的精神初次呈现在瓷画之中，似乎呼应了三百年前金、元磁州民窑的作风，而更有文人的气质。有人甚至说，这种简洁、潇洒的装饰风格，实际上影响了八大山人的作品。

　　清初的瓷器显然地延续了这样的风格，而以素三彩与青花之笔墨山水花鸟人物为主。一个明显的事实是，明末以来，民间手工艺的题

· **青花瓷盘　明天启**
明末之青花小器多简笔为之，别有风味。影响日本陶艺，与明、清间绘画风格。

· **双鸟图**（局部） 清 八大山人 简笔鸟与树

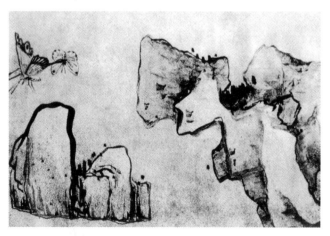

· **梅、石、蝴蝶卷**（局部） 明 陈洪绶 简笔园石

材已自纯粹的装饰，接受了绘画的影响，并进一步创造了民间独有的风格，又反过来影响了绘画。这是时代的反动所造成的知识阶层与民间积极交流的结果。

这种潮流产生了大画家道济与八大山人之属，也产生了清初正统画家王家兄弟。不论为正统派或个人派，均强调意境与创造的观念。这些与园林有什么关系呢？一些蛛丝马迹显示，对流行于当时的，以奇景、繁饰相尚的园林产生了反动。园林是一种无法保存的艺术，到今天已经不可能知道当时园林的真貌，但是自计成、李渔等人的文字看来，他们确实在推动一种无形的革命，非常接近于绘画艺术的发展，同时也相当接近于西方现代艺术革命时期的若干观念。这是我们十分感到兴趣的。

一 绘画的影响

明末园林的分离运动中，受绘画的影响是无可置疑的。绘画已经成为士大夫修身养性的艺术，取代了文学中的诗歌。率性的表现受到鼓舞，文人画的价值受到肯定，一位画家已不必受严苛的技巧训练，业余画家因而大为普遍，有能文能书者皆能画之形势。园林界之佼佼者亦多能文之士，其思想与手法受绘画的深刻影响是没有疑义的。这也可以认为我国园林艺术以明末为集大成时期的主要理由。

在《清史稿》中，只介绍了一位园林设计家，并无计成、李渔之名。这位特别受到重视的张涟先生是明末清初人士。传记是这样写的：

张涟，字南垣，浙江秀水人，本籍江南华亭。少学画，谒董其昌，通其法，用以叠石堆土为假山。谓世之聚危石作洞壑者，气象蹙促，由于不通画理，故涟所作平冈小阪，陵阜陂阤，错之以石，就其奔注起伏之势，多得画意。而石取易致，随地材足，点缀飞动，变化无穷。为之既久，土石草树，咸识其性情，各得其用。创手之始，乱石林立，踌躇四顾，默识在心。高坐与客谈笑，但呼役夫，某树下某石置某处，不借斧凿而合。及成，结构天然，奇正罔不入妙。以其术游江以南数十年，大家名园多出其手。……康熙中卒。吴伟业、黄宗羲并为涟作传。宗羲谓其移山水画法为石工，比之刘元之塑人物像，同为绝技云。

这位唯一入传的张涟先生是董其昌的同乡，也是他的入门弟子，乃自画理入手，"以山水画法为石工"，传文说得很明白不必再加解释了。值得注意的，传文描写他造园时的风采，那种胸有成竹、指挥若定的大将之风，完全是一副画家酒后挥毫的景象，又若《庄子》中解牛的故事，我认为这是十分夸张的。然而可以说明当时人对这位张先生的功夫神往的程度。当然，大文人吴伟业与黄宗羲都为他作传，可知他已经跻身于文星之列，被视为文人中的典范了。

《清史稿》中所附记的一人，叶陶，实际上不是造园家，而是一位宫廷画家。只是因为画园景而称旨，乃奉命帮忙监造。足证明末清初绘画与园林间相契合的关系。

至于《园冶》的作者计成，由于无传，其人如何并不甚清楚，据注释该书的陈植先生说，计成，字无否，号否道人，生于明万历十年，工诗文。著书时为崇祯四年，即1631年。《园冶》有明末奸臣阮大铖之序。序中赞计成之为人"最质直，臆绝灵奇。秾气客习，对之而尽。

所为诗画，正如其人"。可知计成是一位能诗善画，文质彬彬，见面无庸俗气的人。

他以画为本，在"自序"中说得最明白。他少以绘画闻名于世，"性好搜奇，最喜关全、荆浩笔意，每宗之"。他不但是画家，而且是吴派的画家。董其昌的理论中，关、荆是文人画派之早期大师，师关、荆即师古，即宗文而弃匠；他是当时的主流派。这时候的江南名文人——曹元甫，到他所设计的园子里参观，"称赞不已，以为荆、关之绘也，何能成于笔底？"园林之设计竟与绘画如此神似，可见绘画对计成作品的影响了。

另一位名家李渔先生，与计成的时代相若而略晚。他的《闲情偶寄》是清初写的。康熙时天下太平，他写此书为点缀盛世。由于没有传记，对他所知不多。目前的研究显示，他是一个有名的词曲家，是有文才的诗人，但却不是画家，所以他在该书"居室部·山石"一章中指出园林家之能叠石者，不一定是文人：

> 磊石成山，另是一种学问，别是一番智巧。尽有丘壑填胸，烟云绕笔之韵士，命之画水题山，顷刻千岩万壑，及请磊斋头片石，其技立穷……从来叠山名手，俱非能诗善绘之人。

李渔的这些话可以证明他自己也许不是一位画家，但证之前文中所举的张涟与计成，他这话是有问题的。用今天的话说，叠石是一种专业，必须有专门的训练，画家虽然亦以山水为主题，未经训练，造山水之景就有技穷之感。所以叠石家就鲜有能诗、善画的了。正由于文人不肯去搬动石块，才由一些叠石家专精。

实际上，泉石之术与山林画在精神上既无二致，其理通，则两者可并通。然而叠石家实不必为画家，只要通道理，鉴画景就可以了。以李渔来说，他也许不是画家，但他所经营的"芥子园"出版过有名的《芥子园画谱》，若说他不懂得画，恐怕是有失公道了。他在《闲情偶寄·居室部》的"取景在借"一节，所使用的手法几乎都是画家的。此节为该篇中文字最多、叙述最详尽者，可知笠翁受绘画之影响，实在不下于计成。

以下试就观念的层面与技术的层面来讨论《园冶》时代，园林所受绘画的影响。

二 "文人园"的观念

自观念的层面看，《园冶》代表的园林观是与文人画平行的，可称之为文人园。董其昌之前亦有文人画，经董之后，其理论渐明，观念廓清，与匠人画完全划清界限。文人画，简单地说乃不落俗套，以表达文人的气质为重，所以这时候园林理论，开宗明义，也是明主、匠之辨。这个观念写得最清楚的是计成的朋友郑元勋为这书所写的"题词"。他说：

> 是惟主人胸有丘壑，则工丽可，简率亦可。否则强为造作，仅一委之工师、陶氏，水不得潆带之情，山不领回接之势，草与木不适掩映之容，安能日涉成趣哉？所苦者，主人有丘壑矣，而意不能喻之工；工人能守不能创，拘牵绳墨，以屈主人，不得不尽贬其丘壑以徇，岂不太可惜乎？

郑元勋，根据陈植先生的考证，是崇祯十六年的进士，在扬州城南建了一座园子，是计成所设计，为董其昌题为"影园"，意在"柳影、水影、山影"之间，可见董其昌在当时对园林造成的直接影响。在他自撰的《影园记》中，有"无毁画之恨"一句话，可见他认为造园与绘画是一样的。计成的高明之处，只是未把画家的构想毁坏而已。

文中所谓的"主人"是什么人呢？当然是指能文善画的文人，而这一位文人又是此园子的主人。在《园冶》的"兴造论"一篇，开宗明义，更把主人的定义再加扩展。他那句有名的开场白是这样说的：

> 世之兴造，专主鸠匠，独不闻三分匠、七分主人之谚乎？非主人也，能主之人也。

这句话除了声明造园之成分乃由主人负责之外，指出主人者，并不是园子的所有人，而是主其事的人，亦即造园家。这一方面说明明末以来，造园已经成为一种行业，同时也说明，造园家是胸有丘壑的文人。这样说来，造园家自一个文人与匠人的中介者的身份（即郑元勋的观念），提升到独立的创作家的文人的身份了。而两者都显示同样的观点，即造园家必须有文人的胸怀。

文、匠之分究竟在哪里呢？匠人墨守成规，是传统手工艺的维护者。他们以熟为巧，烂熟之后，亦能有所精进，但为不自觉之演变，而非有意识之独创。今天的艺术史家常认为董其昌提倡文人画是一种派别之争，在打击院画之流派，其实未必尽然。绘画在晚明的江南，必因经济的条件优越而大为流行。商人阶级兴起，为附庸风雅，家家都要买几幅装饰住处，必然使绘画的市场大为活络。字画的专业化形成为

· **葑泾访古图　明　董其昌**　山石之布局富于园林情趣，高雅清淡，土石不分，影响《园冶》时期之造园家甚大。

绘画市场，与今天社会所见一样，良莠不齐，而大量供应市场需要者，可能为投大众所好而价格低廉的匠画。董其昌所要划清界限的，可能就是这种画匠。如同今天在路边摆摊的各式绘画的作者们。这些画家为适应市场的需要，自以写实与华丽虚浮的风格为主，此为院派的基本态度，其流传可以想见。在郑无勋的"题词"中有一段话，亦可看出当时造园流行的毛病正是工、丽二字：

> 若本无崇山茂林之幽，而徒假其曲水；绝少鹿柴、文杏之胜，而冒托于辋川，不如嫫母敷粉涂朱，只益之陋乎？

有钱的人家，力求夸张，要在家中再创古人文雅的传统，徒然画虎类犬，令人嗤笑。但是这种肤浅的摹仿，常得世人之喜爱，所以明末清初的文人笔伐流行画家不遗余力。

这种流行、抄袭的毛病，业余的造园家李笠翁写起来特别生动，今天的暴发户们的心态依然如此，令人浩叹。他说：

> 人之葺居治宅，与读书作文，同一致也。譬如治举业者，高则自出手眼，创为新异之篇，其极卑者，亦将读熟之文，移头换尾，损益字句而后出之，从未有抄写全篇而自名善用者也。乃至兴造一事，则必肖人之堂以为堂，窥人之户以立户，稍有不合，不以为得，反以为耻。常见通侯贵戚，掷盈千累万之资以治园圃，必先谕大匠曰，亭则法某人之制，榭则遵谁氏之规，勿使稍异。而操运斤之权者，至大厦告成，必骄语居功，谓要立户开窗，安廊置阁，事事皆仿名园，丝毫不谬。

他以此现象为谬，觉得园亭胜事，即使不能完全创新，至少应该学次等人，把别人的作品加以剪裁重组才好。而当时庸俗的主人与匠师，抄袭别人尚自鸣得意，"何其自处之卑哉？"匠人之园，实以流行之抄袭与摹仿为主。

文人之园与文人画一样，重情意而不重功力，喜朴质而厌秾丽。李渔把这个观念也说得很清楚，惜乎到今世仍不能为人所了解。他说：

> 土木之事最忌奢靡。匪特庶民之家当崇俭朴，即王公大人亦当以此为尚。盖居室之制，贵精不贵丽，贵新奇大雅，不贵纤巧烂熳。

在《闲情偶寄》一书中所谈的有关建筑、园林的一切，都不出这样的原则。以最简单的方式求别出心裁的创造是他的最高原则。因为"新奇、大雅"是用心想出来的，"纤巧、烂熳"是用钱买来的手工所堆积出来的。有钱的人很容易走纤巧秾丽的路线，因为容易讨世俗之好，但是手工的堆积鲜有逸出于常规者。工人代代相传，其术可能精巧，对于纯技术性的工作如手工业，是很重要的，但在带有创造性的园林上，工匠这种以手艺为重的工作态度，却正是其致命伤。

三 去除蔽障

在文人的思想中，滞于匠人的成法当然是最大的忌讳，其实一切足以滞碍创造性思想发展的蔽障都是他们要清除的。为了达到清除蔽障的目的，在绘画上，甚至发明一些理论来否定传统。明代中叶以后所发明的生、拙论就是很好的说明，顾凝远《论生拙》中有这样一段话说：

> 画求熟外生,然熟之后不能复生矣。要之烂熟、圆熟则自有别,若圆熟则又能生也。工不为拙,然既工矣,不可复拙。惟不欲工而自出新意,则虽拙亦工,虽工亦拙也。

生、拙的观念是用来对抗技术的过于成熟。任何一种涉及技艺的创造物,在技术上一旦成熟,人人可以勤学而得之,则形成一种蔽障,与园林艺术中熟练的匠师一样,有阻碍新意的缺点。要返璞归真,要求生、求拙来改除"甜熟"的流弊。然而做到这一点并不容易。顾凝远的这一段话中只能提出"不欲求工而自出新意"一种抽象的观念来,然而这个观念却被较后产生的文人画运动所尊重,而予以发扬。

这里提到"新意",足证创造是解除匠气的不二法门。因此一个艺术家必须是能够推陈出新,多少带有叛逆性格的人。

李渔这位园林艺术家就是这样一个人。他一生之中从不拾人牙慧。他说自己"性不喜雷同,好为矫异"。在一本传记里提到李渔年轻时的一个故事,说他于父亲过世后,不相信当时流传的迷信:人死之后,灵魂会于某一天回来,称为"回煞",在"回煞"的那一天,为避鬼魂,大家都要躲开。他大不以为然,如果真有此事,大家应该在家等候,再看到离去的亲人,怎可以躲开?

很自然的,他也不相信风水,在三十岁以前,他所住的别业非常幽雅,在一首诗中,描述了他的生活环境,其中有一句话:

> 贫居不信堪舆数,依旧门前看好峰。

到今天,我们仍然看到社会上有力于建造宅第的人士,美景当前,因风水之忌，不敢面对；宁听风水先生的话，为求福致富，改变朝向。享受大自然的风光，醉心于园林之乐的人，不能听信风水的胡言是可以想见的。

世俗的迷信是一种蔽障，古代的成法也是一种蔽障。革新也要除古。这一点在以传统为重的中国人来说，是很不容易遽然接受的。但是在计成的《园冶》中，改变古代的做法几乎成为他的一种习惯。兹将《园冶》中提到革除古代成法之处列举于后。

（一）"厅堂不拘古之五间三间"。他主张建造厅堂可按照需要及地形随意设计，不必照人之成规，定要五间或三间。

（二）在窗槅方面，古"多方眼而菱花者，后人减为柳条槅"。他觉得近代的柳条槅比较雅。他这句话证明了明代以前的窗棂子多为方格或斜格。汉代似乎多为斜格，唐代之后以方格为主，后渐演为直条式。计成甚至主张窗棂子之空格以一寸为度，足证其考虑以功能为主。

（三）"古之户槅棂版，分位定于四、六者，观之不亮。依时制，或棂之七、八，版之二、三之间"。又"古之短槅，如长槅分棂版位者，亦更不亮。依时制，上下用束腰，或板或棂可也"。这段话更可看出计成"不泥古"的精神。他希望窗扇开口大些，可使室内光线较亮，所以不赞成使用古法。这种观念到了清代初期玻璃开始流行的时候，就产生落地窗了。

（四）"栏杆信画而成，减便为雅。古之回文万字，一概屏去，少留凉床佛座之用，园屋间一不可制也"。古代似乎常用回字万字的栏杆，只因其结构不固，制作不便而屏去。然后他发明许多新鲜的花样，供后来者参考。

（五）在墙垣方面，"从雅遵时"是很重要的原则。"历来墙垣，凭

· 狮子林　窗槅

· 留园　墙垣

匠作雕琢花鸟仙兽，以为巧制，不第林园之不佳，而宅堂前之何可也"。可见当时的风气相当流行雕琢。在围墙上雕花是不是古法，我未见类似资料，不敢下断语，然自计成的文字看来，目前江南一带流行的白粉墙也是古已有之的。

（六）在谈到"漏砖墙"的时候，"古之瓦砌连钱、叠锭、鱼鳞等类，一概屏之"。他觉得俗气，改画了十六种砖砌的开口形式，大多遵循叠砌的原则，虽然在现有的版本中，无法了解其真正的砌法。

（七）在重要的"掇山"一节，他虽并未说明过去的做法与今天的做法之分别，却也有一句"时宜得改，古式何裁"的话。明代流行三峰并列的做法，在装饰艺术中时有所见，这是计成最不能接受的，指为"殊为可笑"。

（八）在"曲水"一节，"古皆凿石槽，上置石龙头溃水者，斯费工类俗"。曲水之法自唐代以来就是采取凿石槽的方式，这是自宫廷传统流传下来的，计成予以抨击，表示明代民间也颇流行。

整个的看来，计成几乎与李渔一样是一个具有叛逆性的设计家。过去的成法只要不合乎理性的原则的，或过于庸俗的，一律不予保留。有些时候，他们的文人精神几乎近于教条化了。比如他们对于装饰的看法，是持有强烈的反对意见的，因为他们把过分工巧看作匠气，俗气。在李渔谈窗栏时，提到"事事以雕镂为戒，则人工渐去，而天巧自呈矣"。在"砌漏砖"的一条中，计成反对用瓦砌成鱼鳞或金钱型等，而偏重于直线与折线型。这已近乎理学家了，在今天看来并没有坚强的说服力。

由于计成这种严格的律则精神，江南的园林是否受到他的影响，或受他多少影响，是值得讨论的。因为无可讳言的，园林是豪商与官僚所喜好的，他们能不能完全遵循文人画平淡的原则很值得怀疑。喜爱装饰是人的天性，在一个刻意筹画的生活环境中，仍然过理学家的生活，实在很难令人想象。明代的江南庭园虽然留下很多，但都已限于空间架构，建筑等细节都已经再三重建。在上面所举的计成所提的八点中，没有几条受到后代造园家完全的尊重。但是也可以看出，在基本的精神上，文人的气质上，江南园林大体上仍延续着明末以来的传统。计成在当时属于少数，但却是在大潮流中的少数，不少文人虽不能完全接受他独到的看法，却能接受一部分绘画理论。同时我们也应该记得，由于阮大铖的序，《园冶》一书受到清代文人的排斥，流传有限，其影响力也受到限制。

我根据手边有限的资料来核对，发现计成在功能方面的看法也没有受到多少尊重。比如计成劝他们不必尊重古代三间、五间的屋架，可力求变化，然尚没有发现江南园林中任何一间是因势特别设计的。又比如计成认为古代的门扇光线太暗，最好增大窗棂的比例至十分之八，但我翻阅资料，发现大部分江南现存园林的落地门，还是遵照古法，窗棂只占十分之六。设计家或设计理论家要抗拒传统是不容易成功的。计成与李渔在他们的时代是先进的理论家，对有些人来说，恐怕是对牛弹琴吧！

下文对计成、李渔的具体手法举例介绍一二，以说明其受绘画观念的影响。

四 绘画手法的运用

手法之一：因借与画境。计成的《园冶》中最受近人推崇的手法就是因、借。他对因、借的解释是这样说的：

> 因者：随基势之高下，体形之端正，碍木删桠，泉流石注，互相借资；宜亭斯亭，宜榭斯榭，不妨偏径，顿置婉转，斯为"雅而合宜"者也。
>
> 借者：园虽别内外，得景则无拘远近，晴峦耸秀，绀宇凌空；极目所至，俗则屏之，嘉则收之，不分町畽，尽为烟景，斯所谓"巧而得体"者也。

因借的观念在于创造美好的景观。这观念并不见于欧洲文化系统中，直到本世纪中叶，才有都市景观的理论出现，以解释欧洲城市中悦目之景观，始有以设计之手段创造景观的办法。我国在 17 世纪产生这种理论，表示很久以来，可能始于唐宋，就有实际因借的做法。为什么中国人会有这种进步的观念呢？实因因、借是造景中所必要的方法，也是不可避免的方法，而造景的架构基础则在于山水画。

质言之，因借就是画景的创造的手段。"因"是创造画中之近景，"借"则为创造画中之远景。因与借均表示是原有的环境资源，要加以充分的利用，而予以重新组合。在近景方面，要看地势的高低，近处高大树木的位置，及水、石流转的情形，加以剪裁、整理。如同画景一样，如果景中需要亭、榭之属，就建造亭、榭以陪衬之。至于远景，则需抬头看去，远方有什么景色可收？远景即今人在市郊住宅中所说的景致（view）。远景非我可控制，但我可控制我所见之角度与方向，用近景的建物的位置来剪裁，即所谓"俗则屏之，嘉则收之"。这是用画家的眼来观察远景，然后用建筑做画框的方法。

这种借景的观念，到李渔手里就成为百分之百的绘画了。《园冶》中所提的借景，尚只是一个原则，并没有提出具体的做法，所以可以看作一种环境设计的观念。李渔先生则把借景当作生活趣味的一部分，其格局嫌小，但却具体而富于情趣。

李渔在《闲情偶寄》的"窗栏第二"一章里，长篇大论地专谈借景。因为他觉得"开窗莫妙于借景"，把借景这样一个观念落实到开窗的方法上，足见李渔是一个很讲实际的人。当然，他对借景的看法就更加与绘画有关了，不免失却一些借景的真意。他在文中提到三个独创的妙法，简单介绍如下：

其一为无心画。李渔在自己所居的"浮白轩"后做了"高不逾丈，宽止及寻"的山水之景，他花了不少精神，在这个有限的局面下经营了一个他心目中理想的环境，所以"丹崖碧水，茂林修竹，鸣禽响瀑，茅屋板桥"无不具备，然后请人造了一座塑像，做成钓翁的模样，假想自己是在欣赏美景。他这样做，是把园林模型化，等于今天博物馆中的实景模型（diorama），是一种立体的绘画。他常对着这个缩小的实景发呆，因为它"物小而蕴大，有须弥芥子之义"。后来他干脆就把它当作一幅画一样的欣赏了。

西方人在现代住宅中有所谓"画窗"（picture window）的观念，就是把外部的风景用窗框子框景，中为大块玻璃，以收纳景观，这法子李渔在17世纪已经发明了。更进一步，他把窗子做成更近似画幅一些。把窗框的双边与上下，像画幅一样裱上头尾，远远看去，简直就是一幅画了。

他这法子以今天的观点来批判，就觉得有点"痴"。窗框与实景之间的距离，使视觉无法同时清楚地看到框与景，因此永远无法与平面的画幅有相同的效果。画框裱为画幅的实质意义不大，象征意义却甚强。这表示喜欢造园的李渔是一位痴心爱画的人，乃以观画之心来看园景而已。他这种"无心画"实在把中国园林，自山林之景，到制作之景，到绘画之景完全连结为一起了。

在今天所见的江南园林中，这种框景的手法被普遍地使用。只是画框不一定在室内，也不再裱镶，只考虑对象。同时这种对景也不一定是"须弥芥子"式的风景，远处的景物，近处的石竹小景，无不可入画者，也就是无不可入框景的，因此使江南园林中的景物等于很多小品画幅的连续。尤其是竹石小景，本为明代以来画家所喜爱的小品，在园林中使用得特别多。

所谓"无心画"者，实在是景框的别称，在李渔以前即已通用，到此发展至高峰。

· 留园窗画

其二是"梅窗"。李渔自己说，有一年夏天下大雨，淹死了两株造型很美的老果树，石榴与橙子。因其坚硬，做柴火斫之不断，后看其"枝柯盘曲，有似古梅"，所以舍不得丢，想拿来做点用处，忽然想到把它与窗子结合起来，于是把其中较直的部分做成窗框，把盘曲的部分做成梅树枝干状，镶在框间，然后剪些彩花，缀于枝、树上，活像自窗内看到的梅花。

这种手法，是直接把绘画做成窗户，与借景并没有直接的关系，是纯粹的"匠心独运"，可见当时人心目中的借景是广泛的，是创造的通称。一切与原先用法不同的均为"借"。此可称为借画意为窗。

这就是后世的园林建筑开窗口时所用的花窗。花窗有一种以砖瓦叠砌为图案的，在计成的《园冶》中说得很详尽，李渔则提出以绘画为图案的办法。与后世不同的是，李渔的做法必须有画家的修养，知所剪裁，而且不可强求，要有可用的材料才能动手。后世的末流，如同台湾板桥林家花园中的花窗，已经完全民俗化，不过是一些民间流行的花样而已，已失艺术家的灵气。

其三是便面窗。李渔居于西湖之滨，买了一只湖舫以便游湖。他把船的窗子做成便面，也就是扇面形，把他处都用板子堵实，且蒙以灰布，不露光线。这样可使扇面之窗框显得非常突出。船之左右，各有便面窗一，他坐在舫中，航行于湖面，两岸湖光山色等景观，都为这扇面所框，形成天然图书。这画因湖舫之前进、摇摆而画面不断变换，"风摇水动，亦刻刻异形"，因此而"出现千百万幅佳山佳水"。这完全是一幅变动不居的画面，李渔为之激赏不已。

自便面的窗框中看风景，自然是明代江南流行的便面画的直接产物。而能自晃动的船中，通过便面的开口欣赏动态的画面，是一

· 花窗造型

种高度修养的鉴赏力。实际上出现在动变中的画面并不一定都是佳山佳水，因系动态，就不能以每一瞬间的画面判断其是好是坏；其美感乃产生在连续动感上。李渔是人类历史上第一位欣赏到绘画的动感美的人。

他不但体会到山水的动感美，而且能主客易位，想到便面中的自己，也是岸上游人所见的一幅画，供人玩赏。对于绘画的运用，简直是出神入化了，因为"以内视外，固是一幅便面山水，而以外视内，亦是一幅扇头人物"。他认为窗形之贵，即在于可将普通的事物，变为可以欣赏的图画，"入画"就变成了艺术了。

在西湖上泛舟的机会到底不多，亦非常人所可负担，所以这种便面窗也可勉强用在房舍上。房舍不能动，要另想办法使这幅图画生动起来。李渔的办法是在扇形窗外置一搁板，板上放置盆花、蟠松、怪石等，并可更换，使画面常保新奇。"如盆兰吐花，移之窗外，即是一幅便面幽兰；盆菊舒英，纳之牗中，即是一幅扇头佳菊"。他认为这是他的一大发明，采用者得意酣歌之顷，不要忘记他老人家!

手法之二：以白壁为纸。在中国园林中，墙壁不可或缺，而壁面之处理乃为重要课题。墙壁壁面，与绘画最相似，因此自计成以下，大多主张善加利用。《园冶》之"峭壁山"一节之原文说：

> 峭壁山者，靠壁理也。借以粉壁为纸，以石为绘也。理者相石皴纹，仿古人笔意，植黄山松柏、古梅、美竹，收之圆窗，宛然镜游也。

这是最直接的绘画手法的说明，也是后世使用最广泛的技巧，墙壁为白粉粉刷，可以视为纸张，叠石如同画石，选石时自然要注意其纹理，以配合绘画中的皴法。画以植物加以点缀，如透过圆洞观看，就是一幅小品。在后世的江南园林中，这种小品随处可见，但不一定有圆窗作为画框。

李渔读过《园冶》，这个以壁为画的观念他自然是完全接受的。在其"界墙"一节中提到一段回忆，他说：

> 予见一老僧建寺，就石工斧凿之余，收取寒星碎石，几及千担，垒成一壁，高广皆过十仞。嶙峋崭绝，光怪陆离，大多峭壁悬崖之致。此僧诚韵人也。迄今三十余年，此壁犹时入梦，其系人思念可知。

李渔的活动时期在清初盛世之始，他对以壁为画的观念就不以小品为足，而希望见到大手笔的东西。因此他觉得善于利用墙壁，可以创造峭壁、悬崖。这一段描写等于扩大并肯定了计成的"峭壁"的观念，把自窗口中观察的小景，放大为具有真实感的山势。这样做，白粉壁的背景就不十分需要了。所以那位老僧干脆就以石砌壁了。

李渔是糅合绘画幻境于园景的能手，他甚至在"厅壁"上先画了花树云烟，然后再把真实的鸟雀畜养其间，用画上的枝干，加以虚饰，为群鸟跳跃啄食之处，今人见之，不辨真幻。可以想象这种技术必然以非常写实的绘画为基础。这可能是最早的博物馆中立体造景技术的构想。他甚至把"树枝之蜷曲似笼者"作为前景，使鸟类栖息其间，结合活鸟、树枝与壁画为一体。我们虽无法想象其实境，却不能不佩服他的想象力。

这种幻境的创造，在聪明人手中，就有各种变化。到清中叶的沈复，在《浮生六记》中提到园景设计的手法，有这样一段话：

> 小中见大者：窄院之墙，宜凹凸其形，饰以绿色，引以藤蔓，嵌以大石，凿字做碑记形，推窗如临石壁，便觉峻峭无穷。

这是"峭壁山"的另一种表现办法，同样的，他不强调缩小的画幅的塑造，而以峭壁局部的写实手法，使人用想象力来达到峭壁存在的目的。这显然可以看出明末绘画观与清代之间的差异。这种幻境的创造原为江南园林的特点，只是用绘画的技巧予以完成而已。他又说：

> 实中有虚者：开门于不通之院，映以竹石，如有实无也；设矮栏于墙头，如上有月台而实虚也。

· **狮子林**　门外小景

· 狮子林　白壁小景

到这里，绘画的观念与舞台布景的观念相交融，发挥为幻境创造之极致，使用失当，就沦为粗俗了。但现存的江南园林中采用者极少。

五　结语

《园冶》所代表的园林精神，是士大夫生活理想的一部分，为我国园林发展至晚明时期之自然表现。它的意义大体上可简述于下列几点：

其一，意境取向。以在现实生活中创造一理想的天地，为士大夫优游之所。由于士大夫必然浸淫于书画之中，因此文学与绘画之影响甚为显著。

·竹石图 元 高克恭
竹石小景渐为绘画流行之主
题，亦为造园中常见之小景。

其二，简朴取向。士大夫有高超的心灵世界，然而通常缺少货赆，亦不以财富为贵。即使富有，亦不愿流于凡俗，故表现以简单、朴实为原则，以与王公贵族之穷极奢靡与乡俚富豪之专事堆砌有所分别。因此在园林观念上极恶雕凿与过分装点。

其三，自然取向。生活态度以自然为师，生活环境亦追求自然。我国园林着重于人工之改造，并不保留粗野之自然，故《园冶》中显现之"自然"，为自然之原则、不造作而无凿痕之意，所谓"天成"，此亦为意境取向与简朴取向之必然结论。

其四，思巧取向。在景观与生活情趣的追求上，这时代的做法是依赖巧思，别出心裁来解决问题，以新奇为上，既不依赖传统，又不依赖大量金钱与劳力的投注，因此在《园冶》中透露出反传统的色彩。

其五，功能取向。创新的主要基础为生活之需要，因此，此时之风气倾向于感官主义、功能主义，而排斥象征主义。故而为中国园林史上最富有个人色彩、思想最为生动活泼的时代。

很可惜的，这种思想随着满清政府的稳定，民间财富的累积而受到忽视。士大夫的思想被喜爱豪华富丽的富商们粗俗的品味所取代。乾隆年间，弘历数下江南，扬州与苏杭无不修筑园林，并务求华丽以媚之，品味可能大受影响。《扬州画舫录》中袁枚序描写当时扬州为迎接皇帝山水为之改变的盛况，原来阔不过丈许，长河如绳的"匽潴细流"，成为"洋洋然回渊九折"的水面，至于园林的建设，"猗欤休哉，其壮观异彩，顾、陆所不能画，班、扬所不能赋也"。

自清中叶迄今之近一百五十年来，我国历经变乱，苏、扬一带所遗园林，率多乱余仅剩者，自然已不能代表明末甚至清代盛期之状貌，但格局与山石大体仍可一窥当年形势的大要。自今天所见的江南园林

· **潇湘图卷（局部） 传宋 董源** 承袭董源传统之山水实感在于土山。所谓南宗画实为土石不分之传统。

来看，不能说接受了计成的影响，亦不能以《园冶》的理论来解说。因此我们可以说《园冶》只代表那一时代的中国园林思想而已，并不如今天的园林理论家所希望的，以《园冶》代表典型的中国园林的观念。

试举一例，以为本章之结语。

沈复在《浮生六记》中批评苏州园林说：

> 吾苏虎邱之胜，余取后山之千顷云一处，次则剑池而已。余皆半藉人工，且为脂粉所污，已失山林本相。……其在城中最著名之狮子林，虽曰云林手笔，且石质玲珑，中多古木，然以大势观之，

> 竟同乱堆煤渣，积以苔藓，穿以蚁穴，全无山林气势，以余管窥所及，
> 不知其妙。

过分的人工化与脂粉气，正是苏州园林的缺失所在。而沈复对于狮子林的叠石，虽因传闻出于名家之手，不敢任意批评，但所用语如"乱堆煤渣"、"穿以蚁穴"、"全无山林气势"等，可以说一针见血。狮子林绝不可能出于喜爱简笔的云林先生之手，几乎可以确定，乃明、清之际的俗匠所为，以夸耀财力而已。

山石为中国园林之骨架，最忌以石乱砌。在《园冶》的自序中，计成就提到不了解世人何以不做些真山，而要用石堆积，令人发笑。在"掇山"一节之始即提到"多方景胜，咫尺山林，妙在得乎一人，雅从兼于半土"。他明白地指出要创造景色，要有设计者的想象力，求雅则在乎堆土。在后文中又说"构土成冈，不在石形之巧拙"，"欲知堆土之奥妙，还拟理石之精微"。土是"有真有伪，做伪成真"的妙诀所在，是很显然的。

这个观念到了李渔，就用语体文剖析得一清二楚，即使白痴也可以了解了，他说：

> 予遨游一生，遍览名园，从未见有盈亩累丈之山，能无补缀穿凿之痕，遥望与真山无异者。……然则欲累巨石者，将如何而可？……曰不难。用以土代石之法，得减人工，工省物力，且有天然委曲之妙，混假山于真山之中，使人不能辨者，其法莫妙于此。

他怕这样简单的道理，一般人还不了解，乃不惮其烦地细说：

> 累高广之山，全用碎石，则为百衲僧衣，求一无缝处而不得，此其所以不耐观也。以土间之，则可泯然无迹，且便于种树。树根盘固，与石比坚，且树大叶繁，泯然一色，不辨其谁石谁土，列于真山左右，有能辨为积而成者乎？……土石二物，原不相离，石山离土，则草木不生，是童山矣。

这个道理，明眼人不待说而自知。沈复读过笠翁的著作，自然更加明白，他对园林评论用笔极少，却提到山石之做法：

> ……不在地广石多，徒烦工费。或掘地堆土成山，间以块石，杂以花草，篱用梅编，墙以藤引，则无山而成山矣。

然而在现存的苏州园林中，"狮子林"式的假山处处皆是，似乎有意使人感到假山之假，体会到取得石块的困难与花费，而无意创造一真山之幻境。参观者除了感到园主的财富与人工之堆积之外，心灵世界的高超境界显然被忽视了。这可能是清代以来一切艺术之共同特色：匠人之手代替文人之心而为其主宰了。

第七章

清代皇家园林

清代的帝王在园林建设的规模上，自秦皇汉武以来，无出其右，可说是中国园林史上集大成的时期。由于清代皇家园林虽历经破坏，大多仍留在人间，而其兴建之过程均斑斑可考，因此在中国园林的研究上占有重要地位。近年来，大陆学者因地利之便，对以北京为中心的这些园林进行了不少的研究工作，出版物甚多，本文不拟多赘。本章仅就其精神与技法予以分析与讨论，供读者参考。

一 金、元、明之西苑

我国帝王的园林，自唐代以后，因警惕于隋炀帝亡国之痛，不敢明目张胆地大兴土木。所以皇家虽然仍拥有相当规模的宫苑，却受到约束，建设多限于宫城之内。宋徽宗于宫城内建艮岳，又致亡国，孤臣孽子痛心疾首，使令南宋宫苑乏善可陈，仅于孝宗时在西湖边建园数处，供皇帝奉上皇与民同乐，园林之重心转至官僚与民间。而北方自金至元、明，五百年间，则为经营北京之西苑，而其建设亦限于西苑的范围。西苑，即今北京之三海。在清代，不过皇宫之侧院而已。

自有限的文献中了解，自金至明的西苑，较今天的三海略小，当时尚无南海。西苑的水来自北京西山岭之玉泉山，导之自东北角入关。入城后即汇为狭长湖面，再南流，进入内城，汇为"海子"。后代的文献，如《天府广记》所载，明代以来，北京的官宦与富商，即沿水道建造园林，为一时之胜景集中之区。

至于西苑，相信金、元两代，是一种带有异域色彩的园林。据说金建西苑中的琼华岛，是自汴京的艮岳中取石堆成，其受南方园林之影响是很自然的。然而北方的统治者亦有其自己的生活方式。金、元两代是改变我国文化方向的时代，外域的成分亦无可避免。在元陶宗仪之《辍耕录》一书及明萧洵所著《元故宫遗录》一篇短文中，可以看出一个大概：空间的架构是中国的，装潢的细节是游牧民族的。使用很多黄金，其"广寒殿，皆线金朱琐窗，缀以金铺。内外有一十二楹，皆绕刻龙云，涂以黄金……凿金为祥云数千万片，拥结于顶，仍盘金龙"。龙是中国的发明，但北方的帝王似乎非常喜爱这种怪物，而加以大量利用，形成明、清两代龙形装饰的泛滥。

两文中亦可看出元代帝王利用中东传入的技术，在园林中使用机器。《辍耕录》中又明确说明，机器是用来打水到山顶，以便使太液池中的石龙吐水。又建水晶圆殿，是玻璃屋子。13 至 14 世纪仍是西洋的中古时代，这些花样乃学自伊斯兰教国家是无疑义的。这时天文与历法都参考伊斯兰教国家，而陶瓷器中后世所流行的"青花"，亦因伊斯兰教的影响而达于高潮。奥特曼帝国留下来之宫内收藏，是元代青花大盘集中之处，精美绝伦，已非中土可见了。

元代的万寿山与广寒殿及其他西苑中的建设，在陶宗仪的笔下虽描绘得极尽华丽，但以元代疆域之广，国力之盛，其豪奢处尚算不上过分。这是因为游牧民族的帝王尚不能完全发展出狂妄的园林癖，只沿用金代之规模略加增益而已。至于帝王们相对的节俭是否出于汉人大臣们的约束，尚待查考。而陶宗仪以读书人的身份，描述宫阙的壮丽之后，为其节俭而加以颂赞。在《宫阙制度》一节之文尾说道：

史官虞集曰：尝观纪籍所载，秦汉、隋唐之宫阙，其宏丽可怖也。高者七八十丈，广者二三十里，而离宫别馆，绵延联络，弥山跨谷，多至数百所。嘻！真木妖哉。由余有言，使鬼为之，则劳神矣；使人为之，则苦人矣。……方会幅员之广，户口之夥，贡税之富，当倍秦汉而参隋唐也，顾力有可为而莫为，则其所乐不在于斯也。

这虽是撰文者歌功颂德的说法，但我们不能不承认，元代的国力实倍于先代，在宫阙、园林的建设上相对地节俭，对治史的读书人来说，是不能不感动的。因此对于皇室不能不有的制度，觉得可以接受。因为"紫官著乎玄象，得无栋宇有等差之辨。而茅茨之简，又乌足以重威于四海乎？"这是说，为了统治者的威仪，宫室不能不有所铺张，真正的"茅茨土阶"是不可以的。而这一些，在明代的战胜者看来，已然是天上少有，地下难寻了。

很可惜，这样"高明华丽，虽天上之清都，海上之蓬瀛，尤不足以喻其境"的元代西苑，明建国后，即派大臣予以毁坏。萧洵的文章乃追随大臣之后从事破坏之工作所经历之记录。国人自古以来破坏上代宫苑的传统，实在是中国文化的大弊。

当然，破坏中有建设，所谓"大破大立"。元代宫苑被明开国时的乡下人破坏，过不了多少年，汉族的统治者也觉得应建造宫苑了。明成祖建都北京，建造了今天我们所知道的北京城，以及西苑的基本架构。而明代建都，融合了北方民族数百年统治所带来的文化，形成我们所知道的中国文化。明代的北京城已经充满了江南的影响，因为建都时，依例要移一些江南的富豪来，以"实"京师。因此"长廊曲池，假山复阁"式的园林风格来到北方。但中国传统士大夫本位的，代表元代山水画家之朴、真性格的园林风格却也只能在北京的水边看到。《帝京景物略》介绍"定国公园"，其简朴之程度超过宋司马光之独乐园：

环北湖之园，定园始，故朴莫先定园者，实则有思致文理者
为之。土垣不垩，土池不甓，堂不阁不亭，树不花不实，不配不
行，是不亦文乎。入门，古屋三楹……额无扁，柱无联，壁无诗片。
西转而北，垂柳高槐，树不数枚，以岁久繁柯，阴遂满院。藕花一塘，
隔岸数石，乱而卧，土墙生苔……野塘北，又一堂临湖，芦苇侵
庭除……左右各一室，室各二楹，荒荒如山斋……

像这样的园林，确为"有思致文理者为之"，其主人必然在骨子里
醉心于陶渊明式的士人生活。在官僚园林的传统中，这是先代所少见的。
所以北京明代的园林已具备了集大成的态势。

北京明代的西苑，究竟保留了多少元代的建设，笔者手边无资料
可查，但自永乐后期，建设完成，常赐大臣游览，自韩雍与李贤等翰
林学士所写的游西苑记看来，元代的架构犹存，其内容则自奢华的装饰，
奇巧的装备，改变为以园林景物取胜之场所。游园者自西华门出，入
西苑门，即面临太液池之水面。北行经椒园，再北行到圆殿。园之主
景则为琼华岛，原名万岁山。其上之广寒殿仍然是最华丽之建筑。明
代帝王在兴建西苑的同时所怀抱的戒惧的心情，可见于《宣德御制广
寒殿记》一文。文中以成祖的训示口吻说：

……顾此山"万岁山"而谕朕曰：此宋之艮岳也。宋之不
振以是，金不戒而徙于兹，元又不戒而加侈焉。……逮吾始来
都国，汰其侈，存其概，而时游焉，则未尝不用儆于中。昔唐
九成宫，太宗亦因隋之旧，去其泰侈而不改作，时资燕游以存
鉴省。

这种说法，虽然不无帝王为奢侈生活辩解的嫌疑，然而大体上可以承认开国的君主对园林建设所持有的态度——"汰其侈，存其概"。因此游园的大臣，满目所见，是"烟霏苍莽，蒲荻丛茂"，是"芰荷翠洁，清目可爱"，是"榆柳桃杏，草色如茵"。感动他们的不再是屋宇的豪华，而是"山川之壮丽，草木之芳华；飞走潜跃，各随其性"。

明代的西苑，可以说是自古以来帝王园林的神仙世界的总结。琼岛、瀛洲、方壶、玉虹、金露等名称，以广寒为主殿等，都是汉代以来园林神仙化的表现。经过南宋以来江南园林的冲激，以及元代以来隐逸山水画家的影响，明代西苑的神仙意味已经降低了不少。然而明代的帝王仍然是长生不老的信徒。所以西苑中的神仙观，多少仍代表着一些真实。到清代，一个不相信神仙与灵药的新兴民族入主中原了。清代皇家园林因而有一番新的气象。

二 清廷大兴园林及其特色

清代帝王为什么会冒大不韪，大举兴建离宫别馆呢?

据大陆学者周维权先生的说法，清王朝来自关外，对于北京的炎夏气候不能适应，所以必须在正式的宫城之外，寻觅地点，建造可以取代宫殿功能，兼有宫苑之胜的"离宫园林"，以便长时间地居住。换句话说，清代的皇家园林实在并不只是帝王燕游之地，而是一种行宫。清朝的皇帝大多是在诸园中办公，使用"大内"的时间甚少。

周先生提出的第二个理由，是清王朝来自关外，其统治力量有赖于关外的游牧民族，因此重视与蒙古的关系。清初帝王都要经常率军到关外进行大规模的狩猎活动，以训练军队，镇压边疆，笼络蒙族的部落。

康熙皇帝建造避暑山庄，有在塞外进行政治活动的用心。这虽然是一种推测，也是有根据的。北京为北方民族统治中国的首都，但却不是他们唯一的首都。在辽为南京，在金为中都，元始为大都。他们在塞外都别有都城，北京不是他们常驻的地方。清帝王不同于往日，对中国有长治的用心，所以自我进行汉化的努力甚为殷切，而常驻关内。对于保持关外的关系，以结合少数民族的力量，控制广大的中原，确有必要。因此关外建设一个宫廷应该是有政治上的象征与实质的意义的。

根据这两个理由，只能解释避暑山庄及离宫园林的部分理由。我们还是要用一般帝王的心理来看清帝的园林建设，那就是自古以来，皇帝都需要于日理万机之余，找一个调剂身心的地方。宫城太具有象征性、仪典性了，固然可以表达帝王的威仪，却有甚大的心理压力。所以历代有丰功伟业的帝王，都是园林的建造者。清代自康熙中叶开始，其国力的积蓄胜过前代甚多。乾隆时期，国力至于顶峰，无可流向，乃自然地表现在园林上，不会遭遇到任何反对。而清代帝王学养俱佳，园林的建设已脱尽古代奢华荒淫的模式，走向心性修养的方向，相对地说，其糜费的程度亦较低。他们利用西山充足的水源及山林的背景，陆续地开辟园苑，毋宁是可以了解的。

根据大陆学者的报道加以整理，可以把清皇家园林大分为二类，一为离宫园林，一为宫城园林。

离宫园林计有如下六处八园：

承德之避暑山庄；西北郊之畅春园、香山静宜园、玉泉山静明园、万寿山清漪园（后为颐和园）、圆明园（含长春、万春园）。

宫城园林计有如下六处：

皇城外之西苑（即三海）、景山；宫内之御花园、福建宫花园、慈

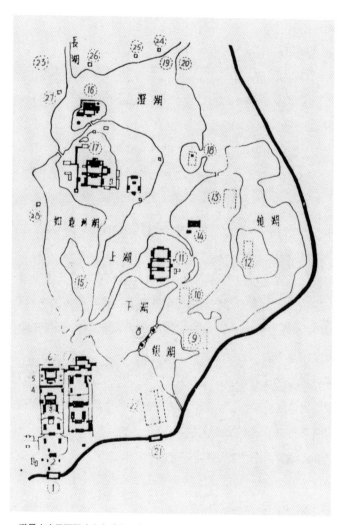

· 避暑山庄平面图（出自《中国古代苑囿》）

1. 丽正门 2. "避暑山庄"门 3. 楠木殿 4. 十九间殿 5. 烟波致爽 6. 云山胜地 7. 万壑松风 8. 水沁榭 9. 文园狮子林 10. 清舒山馆 11. 月色江声 12. 戒得堂 13. 花神庙 14. 静寄山房 15. 采菱渡 16. 烟雨楼 17. 如意洲 18. 金山寺 19. 热河泉 20. 东船坞 21. 德惠门 22. 东宫 23. 文津阁 24. 甫田丛樾 25. 濠濮间想 26. 莺啭乔木 27. 水流云在 28. 芳渚临流

· 避暑山庄空照图

宁官花园、宁寿官花园（即乾隆花园）。

这些园林开辟的年代大约是这样的——

康熙中叶以后：建避暑山庄；建畅春园；改澄心园为静明园；建香山行宫静宜园。

雍正时期：扩建雍邸私园为圆明园。

乾隆时期：充实圆明园；扩建长春园于圆明园；扩建万春园于圆明园；扩建静明、静宜二园（共五千多亩，建筑总面积 15 万平方米）；筑万寿山清漪园为太后祝寿（3.4 平方公里）；扩建避暑山庄；重修官中各园；在景山顶筑五亭；大量修建西苑。

嘉庆时期：畅春园日倾。

道光时期：圆明、三山之外，大多自圮；圆明园被焚。

咸丰时期：圆明园再次被焚；清漪园等三山诸园被掠、焚。

同治时期：重修圆明园不成。

光绪时期：重修部分清漪园为颐和园。

综观清皇家宫园，其异于先代的特质可讨论如下：

（一）离宫式园林

园林中设置朝廷，确实是清代皇家宫苑的特点。除了西苑因为近在皇城，不须正式宫殿之外，远离大内的园苑，都有规模不等的宫殿建筑为主要入口。在空间的组织上，清代宫园很像民间的园林，是前宅后园的格局，只是在规模上有所不同而已。

具体地说，清廷大部分的园林，都在入口处坐北朝南，设立仪典性的空间，准备举行会见大臣听政的仪式，并且可以办理小型纯典礼性的仪式。那就是一座具体而微的大内皇宫。康熙时代使用热河的避暑山庄比较多，其宫殿自有点午门气派的丽正门开始，要经过三重门，才进入宫殿的院落。这里在气氛上与大内不同的是，院落中种满了大树，阴凉清爽，适于长期居住，与大内中以威仪为主要目的的设计大异其趣。

雍正、乾隆时代大力开辟圆明园，两位帝王居圆明园的时间甚长，几乎成为正式宫殿，因此入口宫殿规模与格局相当近乎皇城。在照壁之内有朝房，供大臣办公或等候接见之用。朝房之北才是大宫门。宫门内是大院落的格局，北上面对园墙上的大门，称为"出入贤良门"，门前且有类似大内金水桥的设置，以跨越护城河。进入这座园门便是"正大光明殿"，也就是圆明园的正殿。两边的建筑均衡而不对称，左为"勤政亲贤殿"，右为"保合太和殿"，都是显示帝王政治理想的名称。

圆明园所附的长春园与万春园，建造的时间亦在乾隆年间，也都选适当的位置，在其南端进口建宫殿一区，亦皆坐北朝南。长春园的正殿是澹怀堂，万春园的正殿是凝晖殿，亦均有多层门禁制度。

清晚期所常用的颐和园，在全园的格局上因主要的园区在昆明湖之北，无法设置宫殿于南端，乃有坐西面东的情形出现。宫门之内的正殿名仁寿殿，是坐落在高台基上的相当宏伟的重檐庑殿式建筑。只是院落之内置有山石、树木，减低了其严肃的气氛。

不但在主要园林中设置办公用的宫殿，清代皇家园林住家的色彩可呈现在园林建筑上，其最显著的特色就是南北主轴多重院落形式的建筑，广泛地使用在各风景区内。

仍以三座主要园林为例。在承德的避暑山庄，除了在宫殿的左侧，有一区宫室，显为随行人员住处之外，现存于水面中央的"月色江声"，与水面西北角的"静寄山房"，都是数进院落的格局。如果以康乾时期的情形来论断，则依据乾隆时刻版的《御制恭和避暑山庄图咏》上的图样来看，这种情形更为明显。

在该图咏中，三十六景中至少有十景是以住宅方式建造起来的。有些是单纯的一门一厅的院落；有些是横列二三组一门一厅院落的格局；有些是两重院落中为厅堂的格局；亦有横列二三组这类三进二院的建筑。予人的印象是，美景的所在，除了特殊的情形，都是以过夜停留为目的而建造的。因此，基本上是为居住而设计的。由于是居所，在变化上很有限，只是因为地形设计为横列式或纵深式而已，只有少数其后为楼，可供眺望之用。

至于圆明园，由于其山水完全是人工造成，并没有特殊的自然景观，居住建筑的性格更加明显。依照中国营造学社所研究刊出的三园平面图来看，其各区景色清一色的南北向定轴，主要的建筑群大半为合院

· **避暑山庄（局部） 清宫廷版画**

式的各种组合，并没有太多的变化。每一个景区等于一个岛，居住的建筑占有大半的面积，四边或三边用假山围绕，有些格局是相当呆板的，虽然当时的设计者力求变化。

圆明园在"正大光明殿"的附近、"前湖"的四周，由于属于帝后的居住区，居住建筑的意味特别强。"九州清宴"、"慎德堂"、"茹古含今"，几乎与后宫无异。在长春园的正中央，与澹怀堂以桥相通，为一庞大的合院住宅群，正堂称"合经堂"，主轴之左右各有次要院落。在万春园，正殿凝晖殿之后，亦为一后宫区，其正堂为"集禧堂"，附近有一群院落，显为宫人居住之用。

颐和园由于开发较迟，居住的区域亦集中于东部宫殿部分。德和园、玉澜堂、乐寿堂、扬仁风等都是一些独立的南北定轴的院落，为帝王及其随从居住之用。自大陆刊出的资料看来，似乎在光绪年间西太后重修颐和园时，已把全园主轴上的原大报恩延寿寺改为"排云殿"，作为她的寝宫兼朝堂，所以是仿照北京宫内的乾清宫的布局与形象建造的，主轴上有排云门、二宫门、排云殿（正殿）、德辉殿等四进三院；两侧各有跨院，也是住宅性质的院落建筑。

清代皇家园林的这一特色如果与先代宫苑比较起来就特别富于兴味。在明代以前，皇家园林的主要功能为自狩猎等动态的休闲活动，发展到奇花异草、珍禽异兽的欣赏，环境塑造的想象力直与不死的神仙世界相接。因此除了一些供一时休息的亭台之外，就是为眺望景观、创造神仙异境而设的楼阁。以住宅的合院为基本模式，实在是一大观念上的改变。这使得清皇家园林的整个形象，规模虽大，并没有帝王的气魄，而富于民间的意味，与文献中所了解的秦皇汉武的上林苑，性格上完全不同。

（二）民间的风味

这正是清皇家园林的第二个特色所在：民间的风味。皇家有无限的财力与仪典上的威仪，如果硬说宫廷园林与民间的庭园相类，是欺人之谈。但是有清一代，自康乾盛期乃至后期君主，多能体会人文的精神，在生活的境界上进入文人的领域，以诗画自娱。这一点使得清代帝王特别不能忍受装模作样的宫廷环境，而有兴建园林，过一个普通人生活的愿望。

当然，清帝在这方面的修养，除了帝王本人的资质之外，与明代以来文人意识的受到重视有关。江南的文明在五百余年间，已经为文人的地位奠立了基础，成为朝野所共同钦慕的精神境界。康熙皇帝数度南巡，感染了强烈的江南意识，对于皇家园林的建设，有难以述说的影响。

试引康熙所写《避暑山庄记》说明之：

> 金山发脉，暖溜分泉；云壑淳泓，石潭青霭。境广草肥，无伤田庐之害；风清夏爽，宜人调养之功。自天地之生成，归造化之品汇。朕数巡江干，深知南方之秀丽；两幸秦陇，益明西土之殚陈。北过龙沙，东游长白。山川之壮，人物之朴，亦不能尽述，皆吾之所不取。惟兹热河，道近神京，往返无过两日。地辟荒野，存心岂误万机。因而度高平远近之差，开自然峰岚之势。依松为斋，则窈崖润色；引水在亭，则榛烟出谷。皆非人力之所能，借芳甸而为助。无刻楠丹楹之费，喜泉林抱素之怀。静观万物，俯察庶类。文禽戏绿水而不避，麋鹿映夕阳而成峰。鸢飞鱼跃，从天性之高下；远色紫氛，开韶景之低昂。一游一豫，罔非稼穑之休戚；或旰或宵，

· 山水楼阁　清　焦秉贞　清宫廷画家想象之园林，建筑均整齐严谨，合乎宫式法度，用院落分割空间，以加入民间色彩。虽为想象却具体反映了清宫廷园林的精神。

不忘经史之安危。劝耕南亩，望丰稔筐筥之盈；茂止西成，乐时若雨旸之庆。此居避暑山庄之概也。至于：玩芝兰则爱德行，睹松柏则思贞操；临清流则贵廉洁，览蔓草则贱贪秽。此亦古人因物而比兴，不可不知。人君之奉，取之于民，不爱者即惑也。故书之于记，朝夕不改，敬诚之在兹也。

　　康熙此文可分为三段看，开始是说明选得此地的原因。他看了南北东西各地，这里不但是天生的胜境，气候宜人，而且离京较近。次段说明其开辟的志趣。他利用天然的环境，以自然为师，累加辟建，"度高平远近之差，开自然峰岚之势"，就是依天然形势，斟酌高下，取其最佳景致，把自然的山川形势予以开发。在骨子里，这是承续《园冶》精神的，人所能做的，不过"依松为斋，引水在亭"。为了不破坏自然的情趣，建筑要朴素，只以静观自然万物为目的。而作为帝王，欣赏自然风景，也不能忘怀民间之疾苦与耕稼的辛劳。最后一段，他强调在文人的清玩中，更不能忘怀做人的道理。为人君者亦受一定的道德约束。

他写这种文章也许有粉饰享乐动机的嫌疑。但是与避暑山庄的景色相对比，觉得他的立场也许今天的我们可以接受，而他的用心至少有部分是相当诚恳的。他把这座园林以"避暑山庄"这样平凡的平民化的名称名之，可以看出一点他的心意。同时读他所写的三十六景的诗篇及每一景之命名，可以感觉到他的文人情怀。其中虽不乏有点君王气象的诗句，但基本上与一般的文人感怀无异。他并没有特别标出君王所应享受的特殊的环境。易言之，他的姿态是很平易的。大陆学者孟兆祯先生在其著作《避暑山庄园林艺术》一书中有很详细的描述。

雍正、乾隆以后的圆明园，仍然承袭了康熙的传统，对其景物采取诗画性的解说。当然，乾隆皇帝享受清代最富庶的成果，不免踌躇满志，在文字上与康熙比起来要有帝王气势些，但对园林景观的理想则并无二致，这可自《御制圆明园图咏》看出来。

就以乾隆皇帝最得意的圆明园核心部分的九州景区来说，可以看出清帝对园林的一贯态度。这一部分在正大光明殿的后面，绕着一个大湖，名为"后湖"，用水面分割为九区，象征九州，是"一统九州，天下升平"的意思。这就有点帝王的气魄了。但是这九区，除了比较常住的"九州清晏"规模较大以外，其他都是相当平民化的、各种不同的景观。

　　把园林当作自己统治的天下的缩影，是自秦汉上林苑开始的。当时的文献上记述的，乃以长江、大河的形象建造在园林里，显然是结合山川动人之造型于宇宙象征之中，是帝王权势的夸耀。秦汉的建设极尽富丽，并没有把人民放在心上，这就是汉代文人的记述中如此难以想象的原因。

　　清帝抱持着戒惧的心情，在以园林影射天下的时候，采取了比较温文的手段，是在"九州清晏，皇心乃舒"的基础上展开的。清帝一方面不能摆脱以帝王权力建设园林的欲望，一方面又知道古代兴亡的故事，对于兴建园林的花费与有伤民力有所顾忌。"园林游观，以适几余"是他们的理由，而"谓民可畏，敢欺其愚"是他们随时放在心上的。所以他把"天下"用九个岛屿来表示，聊以满足象征的意义，而在园景上则仍然是以山水诗画为内容的。这九个岛屿的名称，除了"九州清晏"之外，各为"镂云开月"、"天然图画"、"碧桐书院"、"慈云普护"、"上下天光"、"杏花春馆"、"坦坦荡荡"、"茹古涵今"等，均不出文人述志、写景的范围，风景区都有其特色，但并没有整体的大气势。比较起来，建筑还真是平易近人的。

　　当然清帝并没有完全消除蓬莱、瀛洲之想，但那只是一种神仙境界的象征，并没有长生不老的幻想为后盾，在园林建设中，其景致就十分有限了。圆明园中核心区的东侧，为福海区，主要是一个方形的大湖，在湖的四周布置了大大小小约二十个小景区，与圆明园九州景区大同小异，并没有任何神仙的特殊意味。但是在福海水域的正中，做了一大二小，三个方形的岛子，在较大的岛上有一个院子。这一景名之为"蓬岛瑶台"。大陆学者何重义、曾昭奋曾指出，这三个岛子是福海的败笔，因为自湖的正面看去，岛面太宽，限制了视线。他们说，这三个岛子，雍正时称"蓬莱洲"，乾隆时改称"蓬岛瑶台"，"仿求思训画意，为仙山琼阁之状"。

以我就现有的资料推断，这三个岛子要想仿仙山琼阁之状，是很不容易的，因为主岛的体积不够大，建筑的面积比例上太大，建筑的格局也太方正。没有宋元以来以"仙山楼阁"为主题的绘画上表现出来的那样具有想象力。在这方面，我并不十分同意何、曾两位的看法，我觉得福海中的三岛如果够大、够高，作为全海的主景，就不必顾虑遮挡视线的问题。缺点是因雍正、乾隆并没有认真地像先代帝王那样经营蓬岛的神仙世界。

福海区内的另一个神仙主题是"方壶胜境"。自《图咏》上的图面看，其架势确有点像神仙境界的样子，但不知何故，这样一个大派头的建筑群，却要隐藏在福海的东北角。足证表现神仙主题时，清代的帝王是很怯懦的。

（三）江南的风物

清代帝王自康熙开始，受到江南文化的强烈影响。尤其乾隆皇帝，对于江南几近着迷，数次南巡，遍访江南名园。也由于他的南巡，使江南士绅官僚不能不大量投资于园林，以满足他的愿望，讨他的欢心。李年于《扬州书舫录》中很生动地描写了南巡前后，扬州地区景物的变化。为了准备迎接皇帝前来，整个山水都以人力改变了，还把皇帝的行宫建设起来。他来过之后，这些仙境般的园林逐渐倾颓，到李年写《画舫录》的时候，已经盛期不再，只能看出个大概了。扬州虽然在习惯上，不能称为江南，但可以看出清帝出巡与江南之间所形成的

· **圆明园景色** 清宫廷画 显示建筑方正、严谨，与自然之关系生硬。

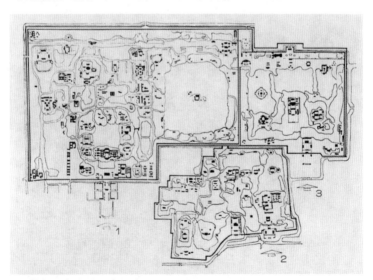

· **圆明园平面图**（出自《中国古代苑囿》）

1. 圆明园 2. 万春园 3. 长春园

· **圆明园** "九州清晏"：密集型整齐之院落

· **圆明园** "上下天光"：散布型，仍有对称轴

· 圆明园 "月地云居"：有主题建筑之院落

· 圆明园 "碧桐书院"：一般多进院落

互动关系。

康、乾二帝数次南巡的结果，在皇家园林上影响至大。尤其是乾隆，在园林中大量地采用了江南的设计，甚至在园中兴建江南的市肆。他在南巡时，故意遍访名园，而且命令画师把这些名园予以摹写，准备带回去仿造。周维权认为"乾隆时期修建的离宫型皇家园林，不仅摹拟或再现江南天然山水风致，而且吸收大量的南方造园手法"。

当然，清代的艺术与文学原本就缺乏独创性，它只是先代，尤其是明朝的作品的整理。所以清帝对江南园林的抄袭，也不是一字一句照仿的，而是"略师其大意"。用今天的话来说，就是采用其架构。北方的建筑与技术，其气候、植物与江南均大异其趣，要完全创造江南的意境是不可能的。但保持某种空间的情趣，则可以轻易达到目的。这就是清廷中江南园林的大概。

前文说过，北京城园林的江南风格并不是清帝开始移来的。自元代建都以来，江南文人北上供奉于朝廷者已陆续在多水的京西海滨一带，及水域穿流的城郊，建设了不少园林。江南风格在明代的北京，可说是文人的风格，较重朴实的自然，所以与明代中后期发展出的江南园林，在性质上是有差别的。除了上文所引"定国公园"之外，尚可以有名的"海淀米太仆勺园"为证：

> 海淀米太仆勺园，园仅百亩，一望尽水，长堤大桥，幽亭曲榭。路穷则舟，舟穷则廊，高柳掩之，一望弥际。

可见是一幅江南水园的景象，而这种景观乃是清帝宫廷园林追求的理想。自明代以来，受文人思想的影响，唐宋的宫体园林，亦即以牡丹、

· **颐和园　佛香阁**　主体部分建筑严整，为宫廷架势。

芍药、锦鲤、楼阁为题材的园林，渐渐不受重视了。海淀米家勺园之旁的"李威畹园"，就是这样一座楼阁园林，但"巨丽之甚，游者必称米园焉"。可以看出，这也是园林风气之所趋，并非清帝所独创的潮流。

　　我认为清代皇家园林以水域把一个大的园子分割为若干景的做法，是受江南园林的影响。

　　江南的园林，因系私园，最大者也不过苏州狮子林而已。私家园林情趣的创造，正是这种有限性所造成的。帝王有无上的威权，园林建设可以大自然为范围，不需要在院墙之内设法，但却失去有限的空间所可提供的亲切的人文气质，而且失去了"须弥芥子"的玄思。对于喜欢舞文弄墨的清代皇帝，这是很难忍受的。

在圆明园这种完全没有自然山川可依借，只有靠人工布置的大规模园林里，恰巧可以借用江南"水网"的模式，再使用掘池所得之土堆为假山，创造江南式的坡脚与水口，这种看法已由周维权先生所发挥。但他并未指出着意地创造江南园林的意境，乃是"水网"式水域做法的主要原因。

如在图面上分析圆明三园，可以很容易地发现，数以百计的"景"，除了与住宅、宫殿相近的形式之外，大多是依山带水、廊庑相连的江南景致。与江南私人园林不同的，只是缺少一个围墙而已。虽然有人认为这些"小园之间有曲折的水系和道路相连络，而对景、泄景、透景、障景的安排，也构成一种无形的连系"，但是自图面上看起来，这种所谓无形的连系是不存在的。各景之间都以山水为隔，互不相干。这些景各自的存在，等于一首首独立的诗篇，如同清帝所赋的诗咏。而整座园林如同一本诗集，其整体性不过表现了作者的个性而已，诗与诗之间并无必然的关系。除了在大的格局上，乾隆皇帝有观念上的掌握，如"九州"的象征之外，整体的安排经营是很软弱的。这是因为以有限格局的江南园林的观念来堆积为大规模的皇家园林，其根本上的缺点是无法克服的。这就是圆明园的天然的限制。

在圆明园核心地带的九州区，至少有"杏花春馆"、"上下天光"、"慈云普护"等完全摆脱住宅的阴影，发挥了江南园林廊屋自然相连的特色。但是由于园林组织上的问题，圆明园式的小景尚无法与江南各园相提并论，而不免单调。何以故？

因为江南名园均为以墙为缘，中央为池，岛峰交织，建筑则依水跨山而建，故能收曲折掩映之妙。而圆明诸景则以水为界，再以水边堆山为障，则假山为垣，建筑与花木困于其中，而失水景之利。在九州区中，"慈云普护"以界水为池，"杏林春馆"引湖水为池，做到建筑与水面相结合，其余各景大多与水面隔绝，或互不相干。这是圆明园式景色的主要缺失：朴质有余，生动不足也。

然而清皇家园林中有仿照江南名园设计的例子。圆明园福海区有一景为"三潭印月"，本是西湖之一景，此处借其名而在实质上没有多少相近之处。相反的，颐和园的前身清漪园在乾隆时期兴造时，其水域的组织，显然受西湖的影响。清漪园中的西堤实即西湖中的苏堤，万寿山之所在即西湖中小孤山的位置。

真正与江南名园相关的，是圆明园之长春园与避暑山庄中各有"狮子林"一景。"狮子林"为苏州名园，据说始自南宋，元画家倪瓒曾有《狮子林卷》的作品传世，因此为文人雅士所乐道。该园就今天遗留的清代晚期的规模来看，有其可取之处，亦有其不可取之处，与倪氏的画作尚有距离。据周维权先生的意见，长春园的狮子林规模较小，着重于表现倪画中的竹石、丘壑之趣，而避暑山庄的狮子林规模较大，与旁边的文园合称文园狮子林。文园在西，以水为主景，狮子林在东，以叠山及山上的亭台为主景。我比较两者的图样，发现避暑山庄的文园狮子林显然是参考了苏州的狮子林。文园在水面与建筑的布局上与苏州狮子林相近，但却无其变化多端的叠石。而狮子林则取苏州该园的叠石而命名，因为狮子原为怪石状如狮子之意，狮子林者奇石成林也。由于文园狮子林采用了苏州狮子林丰富的语汇，所以是避暑山庄中最精彩的游览胜地之一，乾隆皇帝曾有"文园狮子林十六景"的题咏。

在同一篇文章中，周维权指出颐和园的谐趣园是以无锡的寄畅园

·颐和园　谐趣园一景　临水设廊，略有江南风味。

为蓝本抄来的。谐趣园原是乾隆时期的惠山园，据说是南巡时有意地图写寄畅园，建造在万寿山的东部的。这说法有多少根据我们不知道。但今天自图面比较起来，相同之处，为两园均有一自山岩跌落的瀑布。在布局上约略相近者，寄畅园为以堆山叠石为主，水自山岩下跌，汇为一长形池塘，建筑与长廊则沿水面山边而建，有深幽之感。而惠山园亦为一叠石堆山，亦有下跌之水流，建筑亦沿水池而建。其重要的异点，为建筑并不面山而建，空间的趣味恐与寄畅园大异其趣。至于光绪以后所增建的谐趣园，则完全以建筑与回廊绕水而立，已非寄畅园之原意了。

事实上，这个时代是结合诗画与园林最表面化的时代。诗中有画，画中有诗，到清代已传诵了上千年了。而园林为体现诗画意境的手段也数百年了，但江南时代的园林，延续着元代以来文人画的传统，尚只是被动的，可以入诗，可以入画。到清代的皇家，就因诗而造境，因画而造境了。这也许是江南风格影响最为深远的一点，至于所抄袭的名园是否逼真，乃其余事了。

（四）庙宇与异域色彩

清宫廷之园林尚有其他的特色，值得在此一提的，首先是园林中设有庙宇。在文献可据的前代皇家园林，是以纯粹的享乐为目的，如果有些超自然的观念，那就是神仙说，而神仙说常常与肉体的享受即声色之欲连为一体，最接近清朝的金、元、明之西苑，如前所述，大体上仍属于此一传统。

西苑中代表神仙观念与声色之欲的广寒殿，于万历年间倾坍而未再修复。西苑于清顺、康之间，已开放为民间使用，皇家只勉强享有其山水之景而已。《金鳌退食笔记》的作者，乃生动地描绘了当时的情形。他每次入宫侍讲，返回时，就蒙赐西苑太液池中的活鱼。直到康熙初年，太后在广寒殿的遗址上，建造了属于喇嘛教的白塔，到后代，西苑重新被围在皇家专用的园林区域中，但白塔却象征了一个在园林中以庙宇及宗教信仰取代古老的神仙传统。

自此以后，庙宇在皇家园林中不可或缺。或者是因清帝的塞外背景，与特殊的宗教信仰之故。然而庙宇是民间山林中常有的景观，在皇家园林中设庙，亦可认为民间化的一种反映。

在西苑中，琼岛之上有白塔寺，以使整个园景为喇嘛庙之气势所支配，北海之西北角更有三组庙宇，自西到东分别为万佛楼、阐福寺、西天梵境。

在避暑山庄，除了水域的部分之外，山岳景区分布着多座寺庙，即所谓"内八庙"，为我国传统上名山之中建造寺刹的作风。其中永裕寺舍利塔，塔高六十五米，在水域之北，是重要的景观点。山庄的附近山麓，康熙时期已开始建寺，到乾隆又建了六座，其中普陀宗乘之庙，须弥福寿之庙等都是规模庞大、十分壮观的喇嘛庙，分别为供西藏达赖与班禅活佛来京居住之所，总称为"外八庙"。避暑山庄竟为十六座寺庙所围绕，可见寺庙在清代皇家园林中的重要性了。

另在清漪园，即慈禧改修后的颐和园，乾隆为其母祝寿，改瓮山为万寿山，修清漪园时，以一座大报恩延寿寺为主景，即今佛香阁之主轴上的建筑。而万寿山后，与大报恩延寿寺几乎接轴的地方，向北面对宫门建了一座庞大的"须弥灵境"，如今只剩基址，仍可见其规模。其右为一多宝塔，甚为工丽。

在圆明园，本园之部分虽无佛寺，但在后建之常春园与万寿园，均在重要的位置建有两座寺庙。这可能与建造的目的有关。此两园可能为供太后优养之所，寺庙之设立为便于宫中崇拜。

清宫廷的另一个特色是其异域色彩。

这自然是指乾隆时代对非中国的建筑与园林的爱好而言。清代的异域色彩分两部分。一部分是边疆民族的色彩，包括清帝所陆续兴建的各式藏、蒙喇嘛庙。这个喇嘛教东移的传统，自金、元就开始了，但真正生根是在乾隆朝。喇嘛教是边疆民族的信仰，清帝原是喇嘛教的信徒，又可用其笼络各族，所以处处流露北疆民族的特色，宁是异族统治下必然的现象。

其次就是闻名世界的圆明园中的西洋庭园。

乾隆皇帝是一个高明的艺术鉴赏家，以皇帝之尊，掌握世上最大的财源，如果不建造一座西洋式园林，才是不可思议的。因为当时耶稣会的教士在宫廷中非常活跃，西洋的科学自 16 世纪以后，已迅速赶上我国，尤其在机械方面，突飞猛进，建立了工业革命及其后发展的基础。而我国自明末以来与西洋教士接触的结果，已逐渐受到西洋科学的影响，尤其是天文学。即使在艺术上，西洋绘画挟其逼真的写实技术，虽无法感动在野的文人画家，对于宫廷画家，却造成相当的冲击。甚至在我国特有的艺术——瓷器方面，对欧输出大量增加，已渐能掌握西洋贵族社会的口味。而西方的洛可可装饰性釉料亦进入我国，形成雍正以后粉彩瓷器的产生。康雍乾三代在艺术上追求完美精确的作风，与西洋的影响不无相关。

这种早期的接触，未能引发中国科学的进步与艺术的转变，乃中国传统知识分子反洋的力量造成的结果。即使是康熙、乾隆二帝，非常醉心于西洋文化，亦认为这不过是些奇技淫巧，不足重视的。

乾隆皇帝大概自西洋画上，看到喷水池的景致，叹为奇景，命令西洋教士如法炮制。乾隆十二年正式命令教士蒋友仁督造。蒋友仁是法国人，精通中文，又懂科技，乃集合当时外国教士、画家的力量，包括一位巴黎科学院来华采集标本的植物学家，分别办理建筑设计与庭园树木的部分。这些教士非常能干，到乾隆二十五年（1760），花了十三年的工夫，把这样一座媲美欧洲巴洛克宫殿，在风格上有过之无不及的园林，建设完成。这座园林如非为英法联军所焚，则与现存的

· **圆明园西洋楼遗迹** 为巴洛克建筑的细节

欧洲皇室的宫殿园林比较，历史还比较悠久些。

圆明园的西洋园林，位于长春园北，呈 T 字形，一条宽约 55 米，长约 900 米的狭长地带，东端有 370 米之短边，园内有四组建筑，都是左右对称展开，前有装饰性梯阶，梯阶之前为喷水池的设计，其规模、饰法各有千秋，但基本原则无异。自东而西分别为"谐奇趣"、"方外观"、"海晏堂"、"远瀛观"。除海晏堂面西外，余均坐北朝南，环抱喷水池。其中"方外观"规模较小，传为香妃礼拜之所。为了喷水，园中有蓄水楼两座，有龙尾车把水汲到屋顶。这套机器，据说蒋友仁死后，就没有人会开动了。

除了这四组建筑外，还具备了欧洲庭园中为贵族仕女嬉戏游玩的迷宫花园、养雀笼等。园中东区占全部三分之一的空间，是"线法山"、"线法墙"的所在。"线法"乃指透视法，当时流行把透视的幻觉使用在庭园里，造成游园的趣味。但圆明园中的这些建筑如何利用幻觉，因为资料有限，除了知道墙上悬挂油画以外，其余就不太清楚了。

三 清皇家园林的缺点

对于我不能亲历的皇家园林提出批评，说起来是不应该的。但是在过去若干年来看到不少的图文报道，赞誉者多，指出其缺失者少，而我自始至终，不能十分接受皇家园林之美，因就思考所及，就教于方家。日后如有机会亲历其境，看法有所改变，当再予订正。

我觉得皇家园林最严重的缺失，是缺乏民间园林所有的灵秀之气。而清廷放弃先代在园林中表达神仙境界的传统，因之亦失去金碧辉煌的建筑胜景。整个看起来，清代皇家园林是相当呆板、严整而缺乏想象力的。这一点与清代宫廷的建筑、绘画与官窑瓷器是相同的。兹分两点叙述于下：

（一）既不质朴，又不华丽

园林之美首重自然。除自然风光外，建筑物宜求质朴。此为民间园林之原则。一般说来，民间园林中之建筑虽不一定为竹篱茅舍，却必然为充满地方风味之民间建筑，《园冶》所论，重创意，喜变化，无非为求一灵秀之气，飘逸之感。

如不走此路线，则以阿房、未央为师，仿仙山楼阁之想，则建筑呈其淫巧，装饰多求雕琢，虽不免荒淫奢侈之讥，亦不失新奇之创意，是另一条达到灵秀之气、飘逸之感的途径。宋元以来画家笔下之汉宫、仙山等境，虽为文人之遐想，亦可见古代园林之一斑。

清帝之园林正陷于进退维谷之境：既不愿蹈先代暴君之覆辙，又无法完全为隐逸之环境而缔造。虽有"蓬莱瑶台"而无仙境之构想，虽有"濠濮之间"而少原野之情趣。完全是"拿不起、放不下"的局面。其结果则是一切景物均一化，制式化，而灵气尽失。

失败的原因，首先就是建筑的制度。皇家园林中的建筑，因需表现皇家的气派与体制，无论多简朴，仍然要依规矩办事。无论是造型，或是色彩，与宫内的制度无异，而明清以来的宫殿建筑已经失去在园林中创造特殊趣味的适应性，无法灵活运用。

很有趣的是，在真实的宫廷园林中无法表现的，在宫廷绘画中尚可看到一二。如《十二月令图》中的园林景观，建筑与环境仍有相当程度的配合，但所用语言，已结合了江南民间的风味。

即使在画中，敦厚有余的建筑仍无法表达活泼的趣味。皇家的建筑屋顶厚重，予人以浓厚的纪念性。明代以后，曲线愈微，出檐愈短，木构造之意味降低，砖瓦之意味升高，甚至宋代歇山搏风惹草，最易表现轻快的木构造的部分，亦为坚实之砖面所取代。庭园建筑中使用最多的两面坡，到明清以来，硬山顶完全取代悬山顶，以墙面代替搏风版。这些分别，只要比较宋代的《清明上河图》与清院画的《清明上河图》，就可知其大概了。

（二）既不工整，亦不活泼

在建筑上保持工整的原则，尚可勉强接受，到园林的配置上，陷于既不工整，又活泼不起来的困境，就很难令人赞赏了。这种情形尤其可在宫内的园林上看出来。

· **御花园一景** 山石堆积，人工意味甚浓。

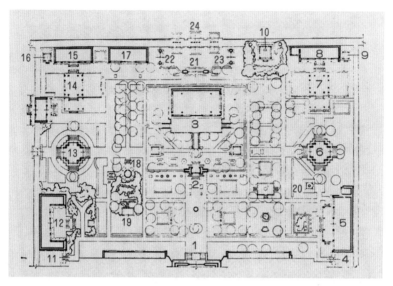

· 御花园平面图（出自《中国古代苑囿》）

1. 坤宁门　2. 天一门　3. 钦安殿　4. 琼苑东门　5. 绛雪轩　6. 万春亭　7. 浮碧亭　8. 摛藻堂　9. 凝香亭　10. 御景亭　11. 琼苑西门　12. 养心斋　13. 千秋亭　14. 澄瑞亭　15. 位育斋　16. 玉翠亭　17. 延晖阁　18. 四神祠　19. 鹿台　20. 井亭　21. 承光门　22. 集福门　23. 延和门　24. 顺贞门

御花园就是一个最佳的例子。该园相当于一般人家的后花园，应该是富于变化，与正屋形成对比的。但皇家不能这样做。御花园仍然是正殿（钦安殿）正门的格局，全园左右均衡对称，用铺面分成若干方格，可说是一丝不苟的。门前左右布置着铜炉、麒麟等。毫无园林趣味，其异于其他宫殿者，乃树木甚多，不见其对称的大格局而已。

为了求变化，它又不完全对称，在东北方的方格子里，弄些太湖石堆成一座山，称为"堆秀山"，上面建一座方亭，称为"御景亭"。又在西边中央处的方格里，堆一座小石山，围着摛藻堂，是平面八角

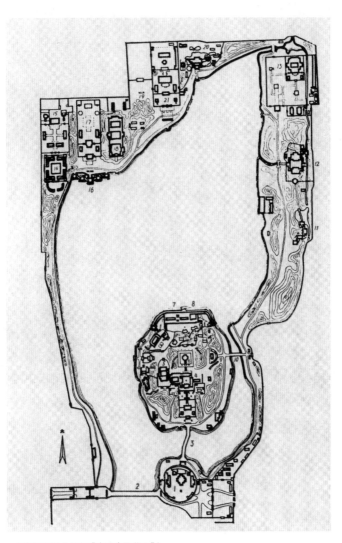

· 北海平面图（出自《中国古代苑囿》）

1.团城　2.永安桥　3.玉蝀金鳌桥　4.永安寺　5.悦心殿　6.白塔　7.道宁斋
8.漪澜堂、碧照楼　9.智珠殿　10.陟山桥　11.濠濮间　12.画舫斋　13.先蚕
殿　14.小西天　15.万佛楼　16.五龙亭　17.阐福寺　18.快雪堂　19.九龙
壁　20.静心斋　21.西天梵境

· **北海静心斋** 亭 北海静心斋亭、廊、假石，错落有致，为北海中较具园林意味之
一部分，但不免斧凿痕太显之弊。

· 北海静心斋　廊

· 北海静心斋　假石

· 恭王府山洞　清官式叠石，因利用一般之山石，时见抽象风格，别有风味，与明代后期绘画山石之抽象化相近。

· 恭王府石景

· 恭王府石山　叠石为山，并为隔屏，但有平铺直叙之感。

的建筑。这两组以石为主的建筑实在并不属于此一对称的格局，被用以破除过分的呆板的感觉而已。

乾隆当太子时所居的西北角一隅，即帝位后，修为建福宫，其后之花园亦称为西御花园，据大陆学者刘策说，"楼阁高大，木石幽深，一片花园风光"。但我看图样与照片等资料，是一座建筑得很拥挤的、均衡对称的宫殿，只是多些亭、轩之类开放性的建筑而已。所谓园景，只有右翼中央延春阁前，有一带江南式的山石，有磴道上登，建有亭、廊、静室，整个看来，与御花园依靠树木来制造幽深的感觉，是完全一样的。在当年初建成的时候，恐怕没有花园的风光吧！

乾隆到了晚年，为皇太后八旬祝寿而在宫内西侧扩建的慈宁宫花园，其性质尤其突出。该园依据资料，完全对称，真正做到一丝不苟，甚至少用山石。这可说是最具有宫廷意味的花园，完全依赖建筑与树木、花台。以中国人的标准来看，称之为花园是很勉强的。

宫中的花园最具有园林特色的是乾隆花园。

乾隆花园是宁寿宫西路花园。高宗修建宁寿宫，是为了退休后居住。太上皇所需要的仪典与生活的排场，样样都要具备，所以宁寿宫的规模相当大。其西侧的后花园，为高宗退休后燕养之所，故他特别关心其建设。太上皇已经不必再为政事所烦，园林的需要就真切些。

乾隆花园南北狭长，进深一百六十米，东西宽三十七米，面积并不很大。由于狭长，自然分为四进院落，形成不同的风景区。有山无水，建筑拥挤，是宫内园林的特色，这里也不例外。

这里与其他宫中庭园有所不同的，是其建筑在配置上力求自由，虽仍大体维持合院与对称的格局，却没有严格的要求，仍有一个中轴线，却并不在一条直线上。除了第二进院落保有完整的对称式宫殿格局外，其他三院均展现活泼的面貌，而使用大量的山石，自然串连穿插，配置于庭中，使院落的意味不显。第一进院落，山石之间尚有正式通道，自门至厅；第三进院落则完全为山石所填满。要自前走向后进，必须绕廊而行，院中堆石之上筑亭。这是把宫殿的格局，改变为曲折幽静、如入山林的景观所必要的手法。

但宫廷建筑的严整性仍然是重要的条件，所以乾隆花园的最后一院，居然完全与建福宫花园的设计雷同，很显然的为求邻近宫墙东西两面的庭园完全对称。

附录：《红楼梦》中的园林

脍炙人口的小说《红楼梦》，是古代著作中描述园林最明确的一部书，那就是无人不知的"大观园"。

《红楼梦》成书的年代在清乾隆初期，由于作者是一位多才多艺，出身于富贵之家的文人，所以不论描写、记述什么，都能细腻入微，清楚地呈现当时的风貌，在中国民俗史上占有重要地位。"大观园"原是《红楼梦》这一动人故事的舞台，当然应该加以细说。不幸，园林与建筑在中国文人心目中只是一个环境，只有陪衬之功能，并不十分重视。所以作者对"大观园"的描写虽然已经比较详尽，所占篇幅仍然十分有限。《红楼梦》能够有系统地描述一部分"大观园"的风景，还是拜文学之赐，乃园主人要为园中各景题咏而引起的。

《红楼梦》中的园林与《园冶》时代的园林观是有连续性的，但是其内容更具有包容性。"大观园"是一个多样性的园林。它的规模介乎宫廷园林与民间园林之间。它的主人是在职的高官，而且与皇家有亲戚关系，其园林自然应该有些皇家的气势。然而自明清之后，即使是皇家，在园林建设上也以追求清淡宁静为尚，何况是一个官僚。

首先我们自故事中知道《红楼梦》之"大观园"乃因贾家大女儿被选为贵妃，要回家省亲，才建设起来，供省亲暂时驻留之用。这可以说

· **临文徵明吉祥庵（局部） 明 陈师道** 文人在园林中所见之自然，实即收集自然的象征于身边的户外博物馆。茅棚为率性之象征，主人居其间，奇石、嘉木、美花、古物等无不具备。

明中国园林存在的时间性。其产生的原因是一时的，其生命也是短促的。"红楼"中的动人的故事，原是南柯一梦，不久即化为乌有。在该书中，偌大的一座园子，在短短的一年内完成，虽然有些夸张，但可以说明中国传统园林主人因了解人生苦短的道理，不会花太多时间去经营。贵妃回家省亲，一生只有一次，只待几天，而园子建成，空着无用，才要宝玉等孩子们搬进去住。等贵妃去世，贾家失去皇家支持，孩子们四散，"大观园"也就荒废了。到清代,园主人应该都已掌握了变动不居的观念，不再像唐代的李德裕一样，希求子孙们永世保存。中国园林被用来作为一个"荒唐"故事的背景，实在是极有深意的。

为了贵妃省亲所建园林，花费甚大，非一般人所可负担，所以文中顺便提到接驾的建设，大约是当年康熙皇帝下江南的实际情形，"把银子都花的淌海水似的的"，"别讲银子成了土泥，凭是世上所有的没有不堆山塞海的，'罪过可惜'四字竟顾不得了"。

贾家花了多少钱建园，文中没有交待，只知一些自江南采办的零星的花费就是五万多两。为了省钱，他们把旧有的建筑拆了，搬来使用。先把宁府中的会芳园中墙垣楼阁拆了，原是扩大省亲别墅的面积，其建材大概供建造新园之用，"其山石树木虽不敷用，贾赦住的乃是荣府旧园，其中竹树山石以及亭榭栏杆等物，皆可挪就前来"。我国自古以来就把园林当作一种布景，其中的一切，包括山石树木、亭台楼阁，都是可以移动的。这对现代人来说是不可思议的。建筑多为木造，小心解卸，大约可以再用，但如果改变建筑的形貌，可要相当的匠心才成。至于树木的移植，即使在今天，仍然是一大学问，但似乎不曾使古人的园艺家感到困难，自唐、宋时候就有迁移大树的记录。"大观园"的建设为时甚短，而能蔚然为一胜境，可见中国园林是有即时效果的。

· 一梧轩图　清　王翚

· 桐荫书蕉（局部） 明 孔贞一 书画、美女都是庭园艺术的一部分。

在中国人的心目中，园林不是专家的工作，谁都可以插手，这在《红楼梦》中也清楚地写出来了。"大观园"是由一位老明公号山子野者负责筹造。至于"堆山凿池，起楼竖阁，种竹栽花，一应点景等事"，都是在山子野的筹画之下，由"贾赦、贾珍、贾琏、赖大、来升、林之孝、吴新登、詹光、程日兴等些人，安插摆布"。一位老生做总指挥，主人家的管事们都是工作的参与者。（其中贾赦、贾珍、贾琏是主人的兄弟子侄，赖大、来升、林之孝、吴新登是管家、管事，詹光、程日兴是界画与人物画家。）这样的建造过程反映了中国园林的大众性格。

园林的性格是兼容并包的，是大众性的，是通俗的，其精神所在要用诗文点出来。所以等"园内工程俱已告竣"，就要主人到园"瞧"过，看有无不妥之处，再行改造。最重要的是准备好了，才能题匾额、对联。园林非有题咏不可，贾政面临的难题是，若先题好了，等贵妃来时，就没有机会题了。若不先题好，贵妃来时又觉无趣，因为：

> 偌大景致若干亭榭无字标题，也觉寥落无趣，任有花柳山水，也断不能生色。

后来由一些吃闲饭的清客出主意，决定先题一些临时的，等贵妃来了再请定名。

由贾政带领宝玉等人游园的描述看来，"大观园"还是以雅取胜，可以归属于《园冶》的时代，自大门开始看：

> 只见正门五间，上面桶瓦泥鳅脊；那门栏窗槅皆是细雕新鲜花样，并无朱粉涂饰；一色水磨群墙，下面白石台阶，凿成西番草花样；左右一望皆雪白粉墙，下面虎皮石随势砌去，果然不落富丽俗套。

这座园子的大门是灰砖、灰瓦、白壁、原木，非常淡雅。有装饰与雕凿，也是创新的花样，"不落富丽俗套"。

进门之后，就见到一带翠嶂，就是一座假山。这是很自然的手法，以免及早泄露园中情趣。这座假山上爬满藤萝、苔藓，也是"即时"效果否？不得而知。但这些石头的形状与宋郭熙的山水画并无二致，"白石崚嶒，或为鬼怪，或为怪兽，纵横拱立，上面苔藓成斑，藤萝掩映；其中微露羊肠小径"。也好像是桃花源的入口。

从这条小径过去，又是另一番景象了：

> 进入石洞来，只见佳木茏葱，奇花烂灼，一带清流，从花木深处曲折泻于石隙之下。再进数步，渐向北边，平坦宽豁，两边飞楼插空，雕甍绣槛皆隐于山坳树杪之间。俯而视之，则清溪泻雪，石磴穿云，白石为栏，环抱池沿。石桥三港，兽面衔吐。

这一段描写，是豁然开朗后的主景，因为是主景，所以平坦宽阔，清流泻于其间，主要的建筑，大约是供贵妃使用的楼宇，有皇家气势、仙宫风味的构造，隐约可见，桥为三孔石拱桥，上刻兽面，强调了皇家的标准。

远处所见的这一组建筑，也是全园的高潮，也是贾政游园最后的一景：

> 行不多远，则见崇阁巍峨，层楼高起，面面琳宫合抱，迢迢复道萦纡，青松拂檐，玉栏绕砌，金辉兽面，彩焕螭头。

这些文字看上去与《洛阳伽蓝记》中的文字很相近，即使在清皇家园林中亦不多见。建这样的楼阁，凭拆旧料是办不到的。难怪贾政看了，认为太富丽了些。清客们赶快说，贵妃虽崇尚节俭，但是礼仪如此，也不为过了。这样的琼楼玉宇式的建筑与仙宫相近，所以清客们要起一个"蓬莱仙境"的名字。宝玉一时呆了，因为他梦中的"太虚幻境"就是这里。《红楼梦》中园林就是一个幻境，点出作者的主题："假作真时真亦假，无为有时有还无。"园林建筑就与文学、绘画的情思融为一体了。

除了这座主楼之外，"大观园"中都是以素雅取胜的设计，看上去与江南园林并无二致。

对于林黛玉后来所住的潇湘馆，文中的描写是"一带粉垣，里面数楹精舍，有百竿翠竹遮映"。到里面，是"曲折游廊，阶下石子墁成甬路"，建筑则是小小的"二三间房舍，一明两暗"。后院子里，"有大株梨花，兼着芭蕉"。竹子、梨花与芭蕉，都是素净的植物，也都是属于略带悲愁的植物。竹子轻巧飘逸，带有秀气，有管弦味，风来丝丝作响。梨花与芭蕉则均与雨、泪有联想关系，是花间词中常用的象征。园林与文学的密切关系，在这里表达得最清楚了。

作者当嫌灵气不够，又于"后院墙下，开一隙清泉"，流入院内，然后"绕阶缠屋，到前院盘旋竹下而出"。这一带细水，充满设计意味。

看过了这样灵秀幽雅的环境之后，就到了后面李纨居住的稻香村。这里是在一座青山的后面，大约故意与其他区域隔开。"转过山怀中，隐隐露出一带黄泥筑就矮墙，墙头皆用稻茎掩护"。围墙是很重要的表志，看样子就是农舍型的住处了，所以里面的房子不过数楹茅屋，纸窗、木榻，完全没有富贵气象，贾政看了，连连叫好。至于植物，则院子里有"百株杏花，如喷火蒸霞一般"。院子的外面都是些农作有关的树木，桑、榆、槿、柘之属。然后这些树木的外面，用"各色树稚新条，随其曲折，编就两溜青篱。篱外山坡之下有一土井，旁有桔槔辘轳之属"。再向外就是田野了，"分畦列亩，佳蔬菜花，漫然无际"。这是一种农村的想象，在有限的园子里是不容易做到的。

稻香村反映了中国传统田园诗人的观念，但是官僚阶级的读书人居然建造这样的素朴的环境，还弄些水井、辘轳等陈设以欺人，实在说来是不相称的。因此贾政看了，曾说固然系人力穿凿，也未免勾起他归农之意。这种归农之意是很造作的，他能去水井打水吗？所以稻

· 栏杆露湿人犹凭 《琵琶记》插图 露台栏杆与女性之想象

· 芳草斜阳望断长安路 《琵琶记》插图 园林中楼房、栏杆为女性思春之象征

· 煎茶 《明珠记》插图 瘦弱的美女、梧桐、帘、茶之忧郁的布景

· 崔莺莺夜听琴 《西厢记》插图 围墙及竹石均有浪漫之情思

香村的设计引发了贾宝玉的一段话，讨论自然的观念，是中国园林的文献中未曾见过的，这段文字引在下面：

> 贾政心中欢喜，却瞅宝玉道："此处如何？"众人见问，都忙悄悄的推宝玉，教他说好。宝玉不听人言，便应声道："不及'有凤来仪'（按即潇湘馆）多矣。"贾政听了道："无知的蠢物。你只知朱楼画栋，恶赖富丽为佳，哪里知道这清幽气象。终是不读书之过。"宝玉忙答道："老爷教训的固是，但古人常云'天然'二字，不知何意？"众人见宝玉牛心，都怪他呆痴不改。今见问"天然"二字，众人忙道："别的都明白，为何连'天然'不知？'天然'者，天之自然而有，非人力之所成也。"宝玉道："却又来！此处置一田庄，分明见得人力穿凿扭捏而成。远无邻村，近不负郭，背山山无脉，临水水无源，高无隐寺之塔，下无通市之桥，峭然孤出，似非大观。争似先处有自然之理，得自然之气，虽种竹引泉，亦不伤穿凿。古人云'天然图画'四字，正畏非其地而强为地，非其山而强为山，虽百般精而终不相宜。"未及说完，贾政气的喝命又出去。

这段辩论十分精彩，把中国园林自六朝以来常犯的过分穿凿的毛病，说得非常清楚。一般人很容易犯贾政的毛病，把园林环境当作一种道具，或充其量视为一种舞台布景。看到一堵泥墙，或一枝杏花，插上一支酒帘，就足以想到"杏花村"或"杏帘在望"了。他们所着意的是创造一个舞台气氛，所以有人建议不可在院子里养别的雀鸟，"只买些鹅鸭子鸡之类才都相称了"。这"相称"，就是很多道具造成的舞台效果。

但是道具搬弄过甚，就因穿凿而失去"天然"。

贾政骂宝玉蠢物，以为宝玉不喜欢稻香村，乃因只知朱楼画栋，恶赖富丽。其实不然。田园有田园之天然，富丽有富丽之天然，天然者，物之理也。也就是宝玉在后面所说的"自然之理"。一个喜欢自然的人，也许觉得田园风景较近自然，并不再计较此时此地是否可能产生此物，或有无产生此景之理。但是真正爱好"天然"的人，并不计较是哪一种环境，也不管是否自然风景，只要合乎情理就可以了。

照宝玉的观念来说，有自然之理，得自然之气，才有天成之趣。园林是人力穿凿而成，能达到天成的境界，才属上乘。要得自然之理与气，就应该因其地而为地，因其山而为山，不能随意穿凿。换言之，造景之理，要与大环境配合。这与《园冶》中因借的理论是相同的，但是以自然之理来解说造园的观念，在层次上要高过《园冶》，很显然是承袭了理学的思想，在形而上的理路上盘旋。贾政说不过宝玉，只好把他赶出去。

若按宝玉的自然之理来看中国园林，则自古以来就脱离"自然"了，不但《园冶》时代的理论达不到这一层次，清代初年的李渔等演出来的视觉主义的造园观，虽然更受绘画之影响，却距离理学更远。

过了稻香村，是盘旋曲折的各种花园，到了水濂洞，好像是武陵源，应乘船进去，因船尚未备，就绕道过去。沿河川，"水上荷花愈多，其水愈清，溶溶荡荡，曲折萦纡。池边两行垂桃，杂着桃杏，遮天蔽日，真无一些尘土"。这一路行来，真有到了桃花源的意味了，这里就是宝钗住的蘅芜院。

该处建筑与宝钗的性格一样，稳重清雅，水磨砖之瓦舍，远看上去并没有特色，所以贾政感到"无味得很"。但进入院子，中央一

· 雨香云片才到梦儿边 《牡丹亭》插图　园林为浪漫故事的背景,如《红楼梦》之大观园。

· 美人带笑吹银蜡 《邯郸梦》插图

个大玲珑山石屏风，上面长满了异香的蔓藤，予人耳目一新之感。自两边的起手游廊走到正屋里，可见屋子是五间清厦，连着卷棚，四面出廊，绿窗油壁，其清雅之感，却出乎贾政之意外。所以蘅芜院以内在美胜。

至于贾宝玉居住的"怡红院"，是贾政游园的最后一处。自外面看，"穿过一层竹篱花障编就的月洞门，俄见粉墙环护，绿柳周垂"。两边是游廊，说中央是几块山石，一边种几本芭蕉，另边种西府海棠，室内则全是精心设计的楠架，隔成迷宫，又加些玻璃墙。

怡红院是很有富贵气象的。在第二十七回，又描写到这里，居然在院子里多了"仙鹤在松树下剔翎"这样通俗性的祝寿的绘画题材出现。回廊上鸟笼中有各色仙禽异鸟，至于建筑是小小"五间抱厦，一色雕镂新鲜花样"。

贾政游园所仔细看过的这五座建筑，代表了中国园林中的四个不同的典型。为什么作者不多让贾政看些园中其他院落？一方面固然因为文字剪裁上，游园不宜过长，实因其他虽可能仍有变化，却没有特色可以描述。这四种典型已经道尽了一切门道。

这四种典型就是正殿所代表的豪华楼阁式园林，怡红院所代表的富贵型（金玉满堂）堂院式园林，潇湘馆与蘅芜院所代表的清幽型的斋馆式园林，与为宝玉所不喜的稻香村所代表的朴质无华的田舍式园林，这是社会自上而下的一个纵断面：帝王、贵族、士、庶民的居住环境的统合。到了清代，都成为园林中表现的主题了。这种包容性与多样性是中国文化性格的直接反映。

"大观园"的风格，是明末以来，中国园林的大众风格与折衷主义精神的最佳写照。

折衷主义的产生，是历史的回顾，与思想的整理所得的结果。同时也是以重组织与再解释前人的作品，以代替完全创新的时代。欧洲的 19 世纪就是这样一个时代。我国的清代雍、乾两朝，也属于这个时代。

一个文化，其历史发展到高峰之后，出现"反省"的意识，理论就产生了。这时候，自我意识太强烈，历史传统萦绕脑际，挥之不去，斩之不断，虽然仍然有庞大的潜力，但自文化的根子里直生出来的创新活动就不可能发生了。明代以前，我国的文化大体上都属于创生性的。虽然有悠久的历史，但每一个时代都因其特殊的需求，在根子里茁长出新芽来，因此文物的风貌与前代大不相同，这种创新性要在无强烈文化意识的素朴的心灵中产生才成。如同伊甸园中的故事，吃了智慧果，文化的心智开了，思虑多了，理论与品评的精神渐渐超过了新创的精神。这时候，"创新"实在只是同中求异而已。

以我国的陶瓷文化为例，历代都有某些有特殊时代意义的创造，到了后代就逐渐消失。以宋朝说，各地的窑产都有自己的风格，一方面互相影响，一方面保持独创的风貌。因此品类之多，创造力之盛，真是蔚为大观。元代以后，逐渐集中在景德镇一地，因此普遍的创发性大为降低，但因新技术的发展，在其初期，亦忙着新品类的发明，所以有明一代，迟至嘉万，产生了多类有颜色的瓷器，为先代所无。可是经过明末清初的反省之后，到了雍正，形制上的创新力就消失了，模仿、统合、折衷先代的成就，并力求雅致、完美，以达品评的标准，遂以精致为其主要的贡献。这种情形在其他艺术形式上是相同的，每个时代都有自己独特的文学形式，清代没有，却拥有了古代的一切，不分彼此地加以整理运用。在园林艺术上，自然也是一样。虽然古代的园林没有遗留下来，其价值判断的层面，通过绘画与诗文却传下来了。

"大观园"所代表的就是这样一个综合。经历了《园冶》时代的反省之后，园林不再可能有独创的了。园林家所能者只是个人的素养的增进。诗文的修养，掌故的熟记都成为重要的准备。顺应大众化、民俗化的潮流，以文人为身份的园林家，要留一大片空间给民俗艺术的匠师去发挥。

自这个角度看，大观园是一个多种风格的园林的集合。集合的方式，使用了中国绘画"场景"的连接分割方式，用山为分隔屏，用水为连接体。我国自六朝以来，就发明了连续式的绘画，可以把很多风景画在一张手卷上。从顾恺之的时候起，就使用这种方法了。后来传为王维所画的《辋川图》是最典型的例子。二十几个风景连成一起，每景都由群山环绕，只有河水是穿连全局的。如果把这幅画展开，整体的，用看西洋画的方式去欣赏，其布局是呆板的，结构是松散的，而且显然属于虚构。很难想象辋川中的景物都在该川的一侧，事实是古人看画，没有用西洋人的眼光去看整幅，而是分段分景欣赏的。欣赏一个手卷的过程与欣赏一座园林一样。

经过隔屏，亦即是山的分割之后，整幅画，或整座园子就成为许多个性不同的小园子、小场景，均有独立的风格。这不是一幅画，不是一座园子，而是许多幅小画，或许多小园子连在一起，游园者像展视手卷一样，不时地变化心情，为眼前景观的转换所吸引，这时候，艺术的最高原则不是统一与和谐，而是变化与悬奇。

我国是否曾有过"大观园"式的园林呢？

红学的专家中，有人认为大观园是根据恭王府花园所写，有人认为是根据江宁织造府花园所写。根据现在我们所了解的这两座园林，并不能提供游园者这样复杂的经验。恭王府花园太呆板，江宁织造府花园太简单。如果一定要找一种模式，那就是皇家园林。圆明园与避暑山庄都具备这种多场景的性格。当然，一个臣子的后花园充其量也不能超过恭王府的规模。可知"大观园"是不曾存在的，它不过是作者想象力的发挥而已。

但是这座不曾存在的园林，却一直活生生地存在于中国人的心中。不仅是因为贾宝玉与林黛玉的故事有以致之，实在因为作者胸中的丘壑就是文人理想中的园林。它反映了明清以来文人的园林观，为绘画中的园林做注脚。它是江南园林发展了五百年之后的总结，为中国文化的多样性与包容性做见证。它是一个虚幻的梦境，是中国人不分阶级与地位，所共享的美梦。

第八章

沿海商贾文化的园林
——台湾板桥林家花园

林家花园是台湾最负盛名的私家园林。虽曾仅剩断柱残瓦，然而经过详细勘查，在图面上重建其原来面貌，并于最近修复之后，已可对其空间之组成做一研究与分析。

通过对林家花园与我国园林艺术的关系之研究，可以知道这座花园在全国的地理的、历史的关系上所处的地位。这种了解有助于我们发觉台湾园林艺术在地域性表现上的特色，进而研究台湾传统园林的社会、文化背景。台湾的传统园林，依据李乾朗的整理，各主要城市均有之。台南有归园，台中有莱园，新竹有潜园，为其最著者。因大多败坏无可深入研究，但自现有资料看，大多以池为主。比较起来，建筑较少，但均临池建造，亦有文人经营园林之特色。相形之下，板桥林园实可代表商业时代、殖民文化来临的清末园林。

林园是林宅，特别是新大厝中不可分割的一部分。五落宅之若干决策，比如其简朴之内外造型，很可能是花园之建造所影响。林家主人可能把宅看成必要的形式，把园看成养生修性之处。自暴发之商人进而为功成名就的文士，生活方式与结交之友人均有所改变。其重园轻宅是很自然的。自新大厝及白花厅分别有很长之甬道通往花园，想必是当年交通最频繁的连结道。

我国私家园林昌盛于江南一带，明清以来之精品以苏州、扬州为中心。扬州数遭兵灾，名园尽毁，今日尚存者则以苏州为主。见于记载者，私园之规模多甚小。经粗略计算，其大者亦不过一万二千平方米，如苏州留园。若干闻名海内的名园如拙政园、怡园等，面积均约一万平方米左右。至其小者，如上海之九果园，甚至不满一千平方米，面积十分狭小。我国古来即有"半亩园"之说，以表明园不在大小而以精雅为上的观念。然而园林在中国原以山水为重，过小之园难免局限一隅，即使有神手亦无以成山峰、水面之美。可是若求其大，则因市区园林，土地之取得困难，难免悬之太高，不易获致。所以自南宋以降，我国南系园林所采取的路线，及士人所强调之理论与手法，均以在小规模之局面下建造美好庭园为主。这个方向的发展，固然使庭园的艺术进入雅人墨客的兴趣圈内，逐渐脱去俗气、华贵的早期作风，同时却也堕入无病呻吟、不落实际的文人通病。因此，江南园林中较有名者，虽未必定为大园，却必须能依胸中之丘壑，做明确之计划，以发挥其构想之特色。真正的名园必须具有一定之规模。

板桥林家花园之规模不下于任何一个江南名园，面积在一万六千平方米之上，面山带水，是一个很理想的庭园的坐落，在台湾尤其是首屈一指。一个大规模的园林自造园家看来，固然是表现的机会，却也要胸中满是丘壑才成，并不是容易的。

一般江南园林的设计原则除特别的原因外，均以山水或单以山或水为主题，其中尤以山峰为庭园之灵魂。由于山峰、水面均不厌其大，故不只是小型庭园，即使是较大型的庭园，在布局上也以能显示其宽敞为原则。建筑物之安排尽量不破坏其主题，回廊等均沿地界边缘曲折回转，亭台之设置以能支配整个主题景致为度。至于园中之主体建筑，若为官人府第，多采对称之厅堂形式，配置则以控制进口、突显园中主题为原则。进口处多安排一独特的环境，使与园景隔离，以使访客产生风景曲折、柳暗花明渐入胜境之印象。进口院落以静而小为主，使来客心理有所准备。延至厅堂，向外展望，则豁然开朗，美景尽收眼下。亭台楼阁不过多方面、多角度的对主题加以阐明而已。

园林之主要部分仍以山水为主题。若因特别情形无法有一主题，如吴县木渎之羡园，因地方细长、曲折，或如嘉兴烟雨楼，因处于湖中之小岛上等，造园之原则是以回廊亭形成各个不同之局面，在每一小环境中创造不同之园景，分别以不同之特色，使整个庭园成为无主题、无高潮之不同景色之连续。这种配置的方法虽曾一度为文人之理想，但观察园林之发展，究因不能以主题吸引观者之兴趣而少为人使用。盖在大自然中也许有"高潮迭起"的景色，人造中小型园林只能创造平淡与厌烦而已。

在此种了解之下，我们回头来看板桥的林家花园，会发现它是一个性质非常特殊，很难归类的作品。据记载，设计人可能是来自福建的文人，然此花园是否有闽南甚或福建的蓝本，目前尚无研究资料可资查证，虽然我们认得出闽南民间庭园的细部手法。这一点使得我们今天去了解林家花园，就隔着一层迷雾。

好在我们对当时之时代背景略有所知。我们知道西方庭园的原则在清末已经在东南沿海，借着西人东进的影响力来到我国。而南洋一带的西风建筑，亦因侨民之往返，式样混入了各地方之传统中。厦门一带为闽南侨民建筑集中之处，金门亦为数不少。林氏家族在从事贸易，往来各地的几十年中，对西方几何庭园必有一知半解之认识。故本园成为这样一个具有混合风格的作品就不足为奇了。

林家花园的空间组成很难了解，非常可能是一个随意的、偶然的设计。在我们讨论江南园林所提到的原则中，几乎没有一项是使用在板桥林家的。由于我们平常所谓的中国庭园，实际上即江南园林，故我们也可以说林家花园所具有的正统中国园林的成分甚少。

清末辗转于官商之间的这些"读书人"，已经失掉了在明清时期即已所剩不多的对自然景物的观照精神；他们对"园"的看法已经相当世俗化了，而"园"对他们不再是生活，而是一些通俗化了的文学的梦境。他们不是从自然中寻找生活的理想与生命的意义，甚至也不是像江南文人一样透过诗词与山水画去再建一个虚浮的、因袭的、人为的自然。他们是自山水诗词中，找出几个可以启发梦想的句子，或四字匾额，然后设法去造一个景来应合。不管所造之环境是否满足了主人的原意，永远可以由园主及其文人雅客的想象力去补充。

林家花园的功能自复原图看来，并不只是一个单纯的修身养性之处，可供主人漫步其间。它似乎是"大观园"之缩影；一种富豪之家所可希企的梦境的实现。"大观园"实在不是一个园，而是由很多独立的具有不同风格的园组成的大园。林家花园的面积也许比不上"大观园"，但它的面积与一般私家庭园比较起来，是勉强可以做到这一点的。可是大观园式的花园是否有一套计划的方法呢？

从图面看，可知大观园式的花园并没有一定的计划方法。林家花园使用了南方园林的一种手法，即回廊，把花园的各部分联结起来，并且大部分是靠近园墙建造，只有三分之一贯穿庭园之中心。除此之外，很难找出该园各部之关系，及其配置之原则。从复原图上观察，可以推想"汲古书屋"及"方鉴斋"之位置，因系主人读书燕居之所，故较近新大厝。"定静堂"为宴会之厅堂，靠近花园之主要旁门，似亦尚近理。

大体上，本园之主体可分为三部分。一为"来青阁"，二为"定静堂"，三为"观稼楼"。这三部分均有其独立围墙，及一套形式上附属的东西，诸如庭院、墙饰等。"汲古书屋"与"方鉴斋"可说是较具独立性的第四个部分，但所占地位甚有限。其他如"香玉簃"、"月波水榭"等均可视为附属于三部分中之一部。

然后，我们很快可以看出这三部分均有一个明显的主轴。这也许

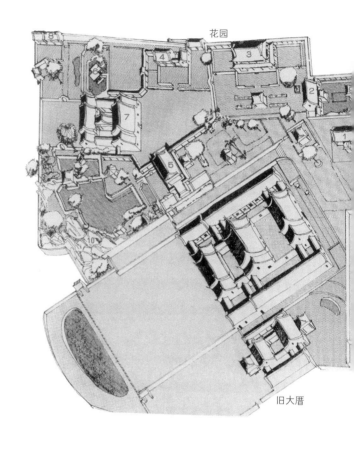

花园

旧大厝

表示了传统住宅的影响（定静堂），西方庭园的影响（观稼楼），及结合了两者的趣味（来青阁），然其结果则一。我国庭园中很少有此现象，即使有对称的格局，必然限于正厅，置于花园之一角。这三部分的主轴延长，相交在"来青阁"的院门前附近。除此之外，看不出它们配置的原则。

　　不可缺少的山水在本园中也是很重要的，但是主人对山水的看法，即使在园中也只能算是世外的一部分，故他把山水安排在贯通全园回

· 板桥林家宅园斜角透视图

1.汲古书屋 2.方鉴斋 3.来青阁 4.观稼楼 5.香玉簃 6.月
波水榭 7.定静堂 8.门房 9.戏台 10.假山

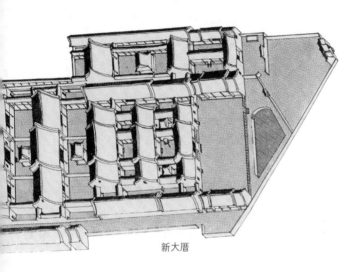

新大厝

廊的结尾处，似乎在使游园者游完全园之后，得到一种高潮式的满足。
在这里与江南园林不同：它不是以山水为主题，而是以山水为终结。
南方的回廊是环绕着主题而存在，林家花园的回廊似在贯穿园内各部
分。在这里，什么是真正综合全园的主题？回廊只有连通的作用，其
娱乐性不高，即使在中段回廊改为复道，可以登高漫游，亦不能说有
什么可看之景，因为各部分自有其范围，并无奇特之处，单单自其旁
边走过有何益？想来这园的主题可能是花。在早期保留下的照片中，

尚可看到园主家人在花圃前观赏的情形。在上述之三大部分之中间有一块近三角形空间，事实上是全园之中心，想来当年应该是一片争奇斗艳的奇花异草。俗称"林家花园"，大约可以部分证明林家以花为主之园。

进园之门也是园景艺术中很重要的一部分，盖能支配动线，加强心理效果。林家花园之入口有四。最主要者为连通新大厝及白花厅之双拼长廊者；其次为自旧大厝之一侧进入者；其三为自北方街外进入可径通定静堂者；其四，为自东街进入可径入来青阁者。这四个入口的处理手法均不同，亦均与内地园景有异。不知为了何种理由，主要的第一、第二入口都没有明显的过渡院落。也许为了这理由，进园前的长廊可能被认为可以取代小院落的"静化"功能，故第二进口进入园中后，虽其位置在山水高潮的附近，却用围墙强迫访客沿窄巷南行数十米，到达第一入口附近之凉亭。这一亭子轴线正对长巷，想来是有意作为第二入口前进之标志的（复原后，考虑公众进出与管理之方便，在靠近三落大厝之入口处之东北角辟建大门，增加了入口院落之趣味）。自第一入口进园有一空旷的大院子，当年如何布置，是否亦为花园，或如复原后所见一片西式之草坪则不明。但很显然的，如访客不沿边回廊作全园之游，则可进入此凉亭一带，很快就发现是处身于"来青阁"与"观稼楼"之轴线上，亦即入口处了。这里是全园的核心。

林家花园的形式可分几方面分析说明：一、水面与山峰；二、建筑；三、开口等装饰。由于林家花园不属于一般的中国园林形式，这些局部的形式特色实际上建立了林家花园的意象，其重要性是不可言喻的。

一 水面与山峰

我国庭园中之水面取几何形者极少，有之亦多设于前庭中，使与主园分开。林家花园中之水面有四处，大小悬殊，其中"方鉴斋"、"观稼楼"与"月波水榭"三处之水面均很小，为几何形而且是装饰性的水面。这种水面之性质并非取其"水"的动态美，而是以水池之形状及栏杆之式样为主；水为材料，等于草坪、花圃一样。这是西方庭园中对水的态度，只是林家花园之规模较小，缺少西方雕刻的点缀，又加了些我国传统的文字游戏趣味而已。作为高潮的山水部分之水面最大，且非属于几何形，但其水面之性质亦非中国园林中之自然形，而是由折线组成，且沿岸均有护堤，上设栏杆走道的。这种水面在骨子里仍是装饰性，而非观照性的。

· 月波水榭

自然庭园之栏杆、拱桥之配置是以欣赏水面为原则，林家花园则以人工圈围着水域，很像宫廷中"龙舟竞渡"的缩影。

"月波水榭"可以说明文字游戏所发生的作用。在一个几何形的小水池中建造一个双菱形的小亭作为水榭，似乎无法欣赏到月波。盖池小榭大，水深台高，榭上复有露台，能见到水面已经不错，要欣赏到水波反射之月影，恐系不可能之事。如能在大水面上设榭，尚可勉强达到目的，但园主之动机显然不在于水榭上欣赏月波，而在于这菱形等装饰性、奇巧的建筑造型上。

虽然在林家花园中"山石"不是主要的因素，因其性质特殊，在此亦略加讨论。山石原为南方园系之灵魂，但对石之形象过分考究，已成文人玩庭园之癖好，失去其自然之原义，而闽南一带，对江南的

· 方鉴斋

· 林家花园的假山

石经也许略有所闻，但美石则不可得。此为闽系庭园的山石不同于江南者。而文人对自然的理想不但因时代之移转而逐渐消失。且因与文人大本营的江南一带的空间距离增长而渐趋淡漠。清代后期地处边远的文人，对作为文人表达情操的工具的诗文书画，已经是雾中看花，而对山石之看法竟完全是平面、绘画与说明性的了。这是林家花园中山石造型会使大部分园艺行家失望的地方。

在这里山石完全是一个厚度很浅的布景。内部是用砖砌造，外用三合土塑成，上刻以山水画上的皴纹。甚至在假石上刻字。这种做法，其不能当作园中之主题是可想而知的，只有依傍地界，像一座屏风，使观者只有自前面观看。以山峰做终结之理由可能在此了。

二 建筑

园中建筑之风格，除栏杆装饰及轴线计划属于西式或受西方影响外，其建筑之本身，大体是台湾传统式样，及其变体。

定静堂为传统住宅之建筑，没有什么特点，此处不加讨论。方鉴斋之特色为后面附有凉亭，面对一水池，水池之后有一戏台。而汲古书屋的正门前面则设有凉台，造型有西洋的风味。这一点证明在园中由主人常常居住的屋宇，由于气候的需要，多设有凉亭。戏台之设施表示主人生活的轻松面，其风格可能是这里所独有的。

来青阁是一座比例美好的二层楼阁，在全园中最为华丽。其建筑式样之特色在于放弃赤崁楼之类四檐飘逸的楼阁趣味，改采砖造住宅之造型，使用在木阁上。一般建楼于园之意义为登高望远，为享受清风明月之便，故采开放型，以凉廊绕室为正规。否则亦如宋之界画中以明窗代。来青阁虽亦多用窗，却因袭住宅两翼硬壁，中央为明间之做法，使整个形态颇有封闭之感。来青阁之前亦有一凉亭，互不相连，为一戏台，似乎与楼阁之功能不甚调和。

林园中计有十座凉亭，除一般方形亭子均采歇山顶以外，汲古书屋前凉亭，则采卷棚式歇山顶。其中有三角形、五角形、八角形、平行四边形、菱形等。园中亭子之用意本为动线上之停留点，其取位之重要性胜过造型，而方形、圆形等一般性形式较常见的式样为合乎使用的目的。采取各种形状表示一种对园林艺术的看法，是以满足好奇心为主。形式的多种变化，以尽收各种样子为满足，不脱商人习气。但它确实给我们看到各种几何形的屋顶及其构造上的精巧，不能不说是创造性的贡献。

· 林家花园中最为华丽的来青阁

· 林家花园中的亭子

· 定静堂前蝴蝶漏窗

· 香玉簃前双钱漏窗

三 开口

在开口的方式上，也有着亭子式样同样的问题。也许是一种炫奇的心理，类似在林家旧大厝上之砖饰，希能人人称奇羡叹。除几个院门采用了一般的圆形或八角形外，很少使用其他南方庭园中通用的门洞式样，其开口式样主要在窗洞上。即使是窗洞，在观念上与江南园林亦完全不同。江南园林及受其影响的清代宫廷园林对门窗开口之形状特别注意，其最重要的意义，是提供一种景观之框架；这在李渔的《闲情偶寄》上就说得很清楚的。在墙面上开特别形状之窗口，其轮廓衬在白色的墙壁上，自然亦有很动人的趣味。尤其在竹林花丛之间，

· 横虹卧月漏窗

这些形状被衬托得特别有趣。但在这里，空间上与景色相组合的意义亦显不出来，而是把自然形态的开口当作纯粹的装饰来看。所以做一个花瓶窗并不是挖一个瓶状的开口，可供游客自开口中观赏风景，却用装饰的线条填满，使它看上去更像花瓶。由于目的在于装饰，这些开口安排的位置多在围墙上，成对的在院门的两边，因此其位置很低，大多低于人眼之高度，其无意让观者看"透"，是明显的了。

与江南园林的比较，可以使我们了解林家花园的风格是独特的，不同于文人庭园的理想，而是商贾文化与民俗糅合的产物。这种独特的地方性也许更说明了保存、复原林家花园的重要。

· 横虹卧月　修复前

· 横虹卧月　修复后

· 香玉筱　修复前

· 香玉筱　修复后

· 开轩一笑　修复前

· 开轩一笑　修复后

· **方鉴斋　修复前**

· **方鉴斋　修复后**

· 惜字亭　修复前

· 惜字亭　修复后

索　引

（一）园林名称索引

（二）参考文献索引